삶의 풍경을 담은 15채의

나무집 이야기

강승희 지음

우리북
wooribook

삶의 풍경을 담은 15채의
나무집 이야기

강승희 지음

펴낸 곳. 도서출판 우리북
서울시 서초구 양재동 265-10번지

출판등록: 2010년 8월 27일
등록번호: 제 321-2010-000175호
펴낸이: 김영덕
휴대폰: 010-5228-2130
전화: 02-3463-2130
팩스: 02-2360-2150
이메일: kyd2130@hanmail.net
홈페이지: http://ooribook.com

ⓒ 2021 도서출판 우리북.
이 책의 저작권은 도서출판 우리북에 있습니다.
저작권법에 따라 한국 내에서 보호를 받는
저작물이므로 어떤 형태로든 무단 전재와
복제를 금합니다.

초판 1쇄 인쇄: 2021년 03월 01일
초판 1쇄 발행: 2021년 03월 01일

ISBN: 979-11-85164-36-6
가격: 18,500원

오류 또는 누락된 내용은 이후 개정판에서
수정될 예정이며, 파손 및 잘못 만들어진 책은
교환해드립니다.

편집: 김동현, 현유정
디자인: 스튜디오126

차례

서문

왜 나무집인가? ... 13

나무집에 대한 의문들 ... 18

    Q1. 목조주택은 화재에 취약하다? ... 19
    Q2. 나무라서 썩을 수 밖에 없다? ... 20
    Q3. 목조주택은 튼튼하지 않다? ... 21
    Q4. 목조주택에는 어떤 나무를 사용하나? ... 22

주택에 대한 기본적인 고민 ... 26

나무집 이야기 ... 29

1. 도시를 떠나
: 전원형 주택

    풍경을 담은 집, **여풍재**餘楓齋+**경여루**景餘樓 ... 32
    자연을 담은 집, **여연재**餘然齋 ... 44
    시간의 추억을 담은 집, **향여재**鄕餘齋 ... 54
    나눔과 베풂이 있는 집, **선여재**宣餘齋 ... 64
    마치 영화처럼…, **함여재**含餘齋 ... 76
    웃음과 기쁨이 가득한 집, **여희재**餘喜齋+**희희낙락**喜喜樂樂 ... 86

2. 도시 속에서 ： 택지개발지구내 주택	하늘을 담은 집, **여천재**餘天齋	98
	생각이 머무는 집, **여유헌**餘惟軒	108
	정원을 담은 집, **원여헌**囿餘軒	120
3. 따로 또 같이 ： 듀플렉스 주택	지혜를 담은 집, **여현재**餘賢齋	130
	그러하기에 그러한 집, **여운재**餘韻齋	142
	인연을 담은 집, **여인재**餘因齋	152
	더불어 함께 사는 집, **여여헌**餘與軒	162
	화목함을 담은 집, **여목헌**餘睦軒	172
4. 함께 살아요 ： 공동체마을	10년 만에 지은 집, 두포리 3재	190

나무집에 사는 이야기   건축주 이야기   202

부록
나의 서울 생활   222
첫 번째 설계 그리고 나두로 지은 첫 번째 집   224
나무집의 정보 : 설계개요 및 평면도   226

서문

서문

나의 첫 번째 목조주택의 경험은 2004년 사단법인 문화도시연구소에서 진행한 농촌 집짓기 운동에 참여하면서이다.

강원도 인제군 용대리 독거노인 집짓기에 15평 단층의 작은 집을 설계와 시공을 하는 작업이었다.

전국의 건축과 대학생들과 참여 건축가들이 설계와 시공을 하여 독거노인을 위한 집을 약 40일간 여름방학 기간에 만드는 것이다.

목조건축에 대해서는 전무한 상태여서 공부하면서 설계와 시공을 해야 하는 상황이었다. 나에게는 첫 번째 목조주택의 경험이었고, 목재의 편리함과 건강한 소재임을 경험할 기회가 되었다. 그 경험을 바탕으로 목조주택에 대한 공부를 전문적으로 하게 되는 계기가 되었고, 지금도 발전하고 있는 목조건축에 대해 연구하고 실천하고 있다.

주택을 설계하는 일은 매우 흥미로운 작업이다. 건축주의 요구사항과 건축가의 건축적 해석 사이에 공통분모를 찾아내는 과정이 결코 쉽지는 않다. 그만큼 서로 간의 많은 대화와 논의과정을 거쳐야 이야기를 담을 수 있는 집이 만들어진다.

건축가는 건축주의 삶에 더한 이야기와 주택을 지으려는 희망적인 메시지를 건축이라는 언어로 잘 정리하여 번역해 주는 역할을 한다. 이는 건축주의 삶에 대한 공간적인 표현이며, 또한 그 대지가 가지고 있는 특성을 최대한 반영하여 내, 외부공간을 풍요롭게 만드는 작업이기도 하다.

그렇게 만들어진 주택은 가족들이 살아가면서 삶의 이야기로 채워나갈 때 비로소 완성되게 된다.

대다수의 주택을 의뢰하시는 분들의 첫 번째 질문은 "소장님이 설계한 주택을 잡지와 신문에서 봤는데 그렇게 만들려면 얼마 들어요? 설계비는 얼마예요?"가 대부분을 차지한다. 막연한 질문이지만 중요한 질문이다. 그때 나는 "왜 단독주택을 지으려 하세요? 그리고 어떤 집을 원하세요?"라고 되묻는다. 단독주택은 공동주택보다 훨씬 불편한 집이다. 그 불편한 집이 주는 선물은 땅과의 관계에서 만들어진다. 건축가의 역할은 건축주의 예산에 맞춰 최적의 집을 만들어 내는 것이다. 그러기에 왜 집을 짓는지가 더 중요한 요인이 된다. 집을 짓는 목적과 그 땅이 지닌 상황을 정확히 파악해야만 최적의 집을 설계할 수 있기 때문이다.

이제 완성된 15채의 나무집 이야기를 하려 한다.

이 책에 소개되는 15채의 주택들은 각각의 이야기를 담고 있다. 그리고 그 이야기들을 담기 위해 고민한 결과물들이다. 그 결과가 만들어지기까지 건축을 올바르게 바라볼 수 있도록 일깨워 주신 민현식 선생님께 감사드린다. 또한 농촌 집짓기를 통해 주거, 환경, 재료에 대한 고민을 하게 해준 문화도시연구소 주대관 선생님께 감사드린다. 그리고 함께 고민하고 노력해준 노바 식구들과 스튜가 김갑봉 대표, 나무이야기 홍규택 대표, 캐나다우드 한국사무소 정태욱 대표 그리고 한국목조건축협회에 감사드린다.

강승희

왜 나무집인가?

왜 나무집인가?

태초에 인간이 집이라는 곳에 살게 되면서 오랜 기간 동안 돌, 흙, 나무 등의 자연재료를 이용하여 집을 지었다. 그중 목재는 그 중심에 있었고 나무라는 특성이 잘 드러나게 지어졌다. 나무는 쉽게 자연에서 취득이 가능하고 또한 인류와 친숙한 재료이다. 나무는 유연함과 단단함이 대조적인 특성을 지니고 있어, 배를 만들 때도 사용하였고 가구와 정밀한 소리를 조정하는 악기를 만들 때도 사용하였다.

그러한 이유는 가공이 용이하고 나무의 수종에 따라 그 특징이 다르기에 다양성까지 지니고 있기 때문이다.

그런데 19세기를 지나면서 내화성 있는 건축재료에 대한 요구에 의해 콘크리트, 철, 유리가 등장하면서 나무는 그 영향력이 급격히 감소되었다. 건축재료의 공업화로 건축물의 규모와 내화에 대한 안정성 등은 날로 엄청난 발전을 이루게 되었으나 환경에 대한 문제, 자연 훼손으로 인한 환경 파괴, 공기 질에 대한 공해 문제 등 내재 에너지의 과다 사용으로 화석연료를 더 이상 사용하는 것은 미래의 지구촌 환경에 대한 책임을 질 수 없는 상황에 이르게 되었다.

1992년에 세계 각국 지도자들이 브라질 리우에 모여, 지구온난화와 기상이변의 원인은 인류의 에너지 과소비로 인한 대기 중 이산화탄소 농도증가라고 규정하고 더 큰 재앙이 초래되기 전에 대응 방안을 수립하기로 약속하면서 기후변화협약United Nations Framework Convention on Climate Change: UNFCCC을 체결했다. 이 협약은 1994년 3월에 발효되었고 현재까지 184개국이 가입했으며 우리나라는 1993년 12월에 47번째로 가입했다. 따라서 현재 지구촌 모두 지구온난화로 인한 온실가스 배출의 저감에 대한 노력하고 있다.

나무를 자르면 50% 정도의 탄소는 산림에 남고 나머지 50%는 목재 제품에 남게 된다. 약 68평의 나무집을 지을 경우 약 28.5톤의 CO_2를 저장하는 효과가 있다. 이 양을 가솔린의 양으로 환산을 하면 12,200리터이다. 리터당 10킬로미터를 간다고 하면 122,000킬로미터를 갈 수 있는 양이 되며, 그만큼 CO_2양을 줄일 수 있게 된다(출처: FPInnovations). 그래서 목재는 아름다운 지구환경을 보전할 수 있는 유일한 재료라 할 수 있다.

최근 한옥이 부흥이다. 국가 정책적으로 한옥에 대한 관심과 기대가 크다. 한옥은 우리의 전통적인 집이기에 포근하고 풍미를 지닌 집이다. 한옥도 목조주택이다. 소나무를 건조하여 각재와 적절한 규격의 소재를 이용한 한식목구조이다. 왜 우리는 한옥을 보면서 또는 그 속에 있으면 포근하고 따뜻한 느낌을 받는 것일까? 이는 과거 우리의 삶이 있었고 그 풍미가 있기에 더욱더 그러하겠지만 나무라는 소재가 주는 여러 가지 장점이라 생각한다.

나무는 숲에서 자라 건축자재로 사용하고자 베어서 건조하여도 피톤치드를 내보낸다. 또한 조습작용을 하여 실내의 습도를 조절하는 기능도 있다. 나무로 만든 집에 있으면 심리적인 안정감을 준다는 연구 결과도 있다. 이러한 다양한 점들이 한옥이 주는 풍미와 더불어 편안함을 주는 작용이라 볼 수 있다.

하지만 전통 한옥은 도편수에 의해 지어지게 되며 또한 도편수의 손맛에 의해 그 느낌이 많이 다르게 표현됨을 알 수 있다. 그래서 국가한옥센터 www.hanokdb.kr에서는 신한옥을 연구하였고, 기존 전통방식의 한옥의 문제점을 보완하였다.

목재 수축에 대한 문제점, 단열과 기밀에 대한 문제점 등이 많이 보완되어 지금은 한옥의 풍미와 편리함을 동시에 가질 수 있는 수준까지 와 있다. 신한옥의 기술과 전통한옥의 기술이 모두 있는 은평 한옥 마을도 이제 거의 다 지어져 근사한 한옥 마을이 되었다.

여기까지 오는 것도 상당한 시간과 시각의 변화가 필요했다. 도제식 교육방식인 한옥 목수의 교육은 공업화라는 것을 대부분 인정하지 않았기 때문이다. 함수율이 높은 목재의 사용을 글루램이라는 공학목재로 대체 하고 한옥의 구조적인 취약점인 접합부의 연결에 철물을 사용하는 등의 목재 공학적인 부분을 이해하고 적용된 지는 불과 얼마 되지 않았다. 아직도 학계에서는 공학목재의 사용과 접합부의 철물사용 그리고 지붕의 경량화 및 단열 보강에 대한 수긍하지 않는 경우도 있다.

한옥은 좋은 목조 건축물이다. 하지만 한옥으로 집을 짓기에는 경제적 부담이 아직은 매우 크다. 그렇다면 목조주택을 어떻게 지을 것인가?

여기에는 현재 국내에서도 가장 많이 보급되고 사용되고 있는 경골목구조가 그 대안이 될 수 있다고 본다. 작은 부재들의 연결로 구조를 해결하고 이미 공업화로 함수율 19% 이하로 된 부재와 이에 적합한 재료들이 많이 개발되어 있기에 적합한 재료들을 이용하여 집을 짓게 되면 목재로 만든 집을 지을 수 있게 된다.

물론 경골목구조만이 목구조의 정답은 아니다. 경골목구조, 중목구조, 한식목구조, CLT(직교집성재)구조 등 목구조는 다양하다.

그 장소와 설계에 적합한 목구조를 선택하여 적용하면 된다. 또한 콘크리트와 목구조, 철골과 목구조 등의 하이브리드구조도 고려가 되어야 한다. 따라서 재료의 물성과 특징에 맞게 적용해야 경제적이고 최적의 구조와 공간을 연출할 수가 있다.

목재를 이용한 나무집의 장점은 다음 다섯 가지로 요약할 수 있다.

첫째, 지구상의 천연자원 중 유일하게 재생이 가능한 재료이다.
목재를 이용한 건축은 다른 재료의 이용보다 경제적일 뿐 아니라 자원의 재활용 측면에서도 중요하다.

둘째, 나무집은 실내 공기 질이 좋다.
즉 새집증후군의 대표적인 유해 물질인 포름알데히드가 없기에 새집에 입주하여도 건강함을 느낄 수가 있다. 또한 적당한 정도의 흡습성을 지니고 있는 것은 다른 재료에서는 볼 수 없는 목재만의 특징이기도 하다. 이것은 쾌적한 실내 습도를 유지시킴으로 주거환경에 매우 유익한 재료이다.

셋째, 나무집에 살게 되면 심리적으로 안정감을 가지게 된다.
새소리, 개울물 흐르는 소리, 벌레 우는 소리, 바람 소리, 파도 소리 등 자연으로부터 오는 초고음역의 소리는 정신을 맑게 하고 마음을 안정시켜준다. 콘크리트는 10~15kHz 이상의 초고음역대 소리를 차단하지만, 목재는 초고음역의 소리가 들리게 되므로 정신적으로 맑고 밝은 사고와 부드러운 심성을 유지할 수 있다.

넷째, 나무는 준 단열재이다.
겨울철 외부에서 철재와 목재를 각각 맨손으로 만져 본 기억이 있을 것이다. 게다가 손에 물기가 묻어 있다면 철재와 목재와의 차이를 더욱 잘 느낄 수 있다. 그러기에 나무로 만든 집은 단열성능을 우수하게 만들 수 있는 좋은 재료이며, 검은 곰팡이 발생의 주원인인 결로에도 매우 유리하다.

다섯째, 목재는 가벼우면서 비강도(강도/무게)가 크다는 점이다.
이것은 다른 구조재에 비해 동일한 강도를 발휘하면서 건축물의 하중을 경감시킬 수 있는 이점이 있다.

나무집은 우리가 오랜 시간 동안 거주했던 주택으로 오래전부터 집을 만든 소재였고, 자연의 재료이기에 건강한 집을 만들 수 있는 좋은 재료이다.

이러한 장점들과 자연스러움에 나는 나무집을 좋아하게 되었나 보다.

나무집에 대한 의문들

나무집에 대한 의문들

**Q1.
목조주택은 화재에
취약하다?**

목조주택은 화재에 안전하다. 화재에 대한 두려움은 단순하게 나무가 불에 타는 것을 보고 생긴 막연한 불안감에 불과하다. 건축에서는 화재 시 구조재가 불에 타는 문제보다 불이 났을 때 사람에게 피해를 얼마나 주는지가 더 중요하다. 경골목구조의 내화성능은 일차적으로 내부 석고보드에 의존한다. 벽과 천장에 시공되는 석고보드는 1시간에서 2시간의 내화성능을 지닌다. 석고보드는 화염의 진행속도를 느리게 하며 일정 치수 이상의 목재는 강철보다 열전도율이 훨씬 낮아 화재가 발생했을 경우 쉽게 불이 붙지 않기에 유독가스 발생이 적어 인명피해가 적다. 경험적으로 두꺼운 나무를 태울 때 일정 시간이 지나서 그 탄 나무를 잘라보면 그 속에는 멀쩡한 생나무가 남아 있음을 보았을 것이다. 나무는 타들어 가면서 그 탄화된 숯이 탄화피복을 만들기에 일정 두께 이상이 되면 구조적으로 안전한 소재가 된다.

← 숯
나무의 겉은 타서
탄화피복을 만들어
속은 쉽게 타지 않는다.

Q2.
나무라서 썩을 수밖에 없다?

모든 목재는 부후한다는 것이 사실 이다. 하지만 부후하기 위해서는 세 가지 조건을 충족해야만 한다. 즉 양분, 온도, 수분이 충족되어야만 부후한다. 목재는 자체가 양분이므로 양분의 조절은 불가능하다. 그리고 목재가 사용되는 온도는 부후균의 서식온도 범위에 속하기 때문에 온도조절도 불가능하다. 그러므로 목조주택에서 목재의 부후 조절이 가능한 부분은 수분이다. 목재를 건조한 상태로 사용하여 부후균의 서식에 필요한 수분조건을 충족시키지 않으면 목재의 부후를 예방할 수 있다.

그러기에 목조주택에서는 수분관리를 통해 나무가 부후하는 것을 막고 100년 주택을 계획한다. 그래서 목조주택은 전문가에 의해 꼼꼼하게 설계하고 철저하게 시공되어야 한다. 그 예로 건축물에 외부에 레인스크린을 설치하고 외장 마감을 하여 습기 관리를 하게 된다. 또한 한국은 4계절이 있어 겨울과 여름의 온도 차에 대한 극복을 해야 하기에 내 외부에 대한 습기 관리를 철저히 하여야 한다. 그렇게 되면 100년 주택을 보장할 수 있다.

→ 레인스크린
외장재와 외벽 사이 습기 관리를 위해 시공하는 공기층

Q3. 목조주택은 튼튼하지 않다?

구조재로써 목재가 약하다고 생각하는 경우가 많지만 콘크리트 건물의 평균 내구연한은 약 50년인데 반해 목조주택은 평균 50년 이상이다. 또한 양질의 자재로 지어지고 보수유지를 철저히 할 경우 200년 이상도 사용할 수 있다. 그 예로 우리나라의 가장 오래된 봉정사 극락전은 13세기 후반에 건축되었고, 북미지역 목조주택의 경우 100년이 넘는 주택을 도심이나 교외 지역에서 쉽게 접할 수 있다.

또한, 목재는 다른 재료와 비교할 때 무게에 비해 강도가 높고 목재 자체가 유연성을 가지고 있어 건축물의 하중을 최소화한다. 1995년 일본 고베 지진이나 1994년 미국의 캘리포니아 지진의 경우에서도 목조주택의 피해는 다른 구조보다 훨씬 적었던 것이 이를 증명할 수 있다.

← 봉정사 극락전
우리나라 국보 15호로, 경상북도 안동시 봉정사에 있는 우리나라의 가장 오래된 목조 건물이다.

← 빅토리아해안 단독주택
빅토리안해안에서는 100년이 넘는 주택을 쉽게 볼 수 있다.

**Q4.
목조주택에는 어떤 나무를 사용하나?**

목조주택은 크게 경골목구조, 중목구조(기둥, 보 구조), 통나무구조, 그리고 최근 공학목재로 개발되어 고층의 목조건축을 가능하게 만든 CLT Cross Laminated Timber, 직교집성재로 구분할 수 있다.

경골목구조에는 S.P.F Spruce, Pine, Fir 가문비나무, 소나무, 전나무라는 유사한 수종으로 된 목재를 사용한다.

중목구조에는 통재를 사용하는 방법과 공학목재(글루램, PSL, LVL, CLT 등)를 사용하는 방법이 있다. 공학목재는 목재의 강도에 따라 다양하게 적용될 수 있다.

우리 한옥은 육송이라는 소나무를 사용한다. 육송의 큰 부재가 없을 경우 수입 목재인 더글라스퍼 수종의 나무를 사용하기도 한다.

통나무구조는 흔히 이야기하는 통나무집이다. 통나무를 눕혀서 만드는 귀틀집으로 생각하면 된다. 현재 통나무구조는 산막용으로 지어진 것 외에는 적용하지 않고 있다. 통재의 나무를 사용하기에 함수율이 너무 높아 수축에 의한 기밀성에 하자가 많이 날 뿐 아니라 단열기준을 맞추기가 힘들다.

경골목구조는 함수율 19% 이하의 구조목을 사용하는데 가공이 용이한 수종을 사용한다. 그러기에 성질이 유사하고 강도가 비슷한 S.P.F 의 침엽수를 사용한다.

중목구조를 이용할 때는 공장에서 프리컷을 하는 방법과 한옥처럼 대목수가 직접 수작업으로 하는 방식이 있으나 정밀도와 품질을 위해서 프리컷 및 철물을 이용한 부재의 접합을 하는 것이 구조와 정밀도에서 유리하다.

CLT는 직교집성재이다. 목재의 불리한 점을 해결한 공학목재이다. 판재이면서 구조재이기에 목구조에서 쉽지 않은 캔틸레버구조를 얇은 두께로 해결할 수 있고 다층의 구조로 적합한 공학 목재이기도 하다.

↗ 중목구조
→ 통나무구조

삶의 풍경을 담은 15채의 나무집 이야기

← 한식목구조
↙ 경골목구조

→ UBC 기숙사
UBC 기숙사는 CLT를 적용한 목조건물로, 높이 53m, 18층의 학생 기숙사이다.

나무집에 대한 의문들

주택에 대한 기본적인 고민

주택에 대한 기본적인 고민

주택을 만드는 일은 아주 작은 것들에 대한 것도 소중하게 적용되어야 한다. 그러기에 건축주의 생각이 가장 중요하다. 왜 단독주택을 지으려 하는지, 그 속에 무엇을 담으려 하는지, 처음 단독주택을 지으려는 건축주에게는 특히 단독주택에 대한 로망이 있기 마련이다. 이러한 모든 것들이 단독주택을 설계하는 중요한 요인이 된다.

그러한 요인들의 고민은 다음 3가지로 해석 할 수 있다.

내부와 외부의 관계 맺기

주택에 대한 첫 번째 고민은 내부와 외부의 관계를 맺는 것부터 시작된다. 주택을 지을 땅들은 모두 다른 환경이기에 그 땅이 지닌 특성들을 잘 파악해야 자연 및 주변과의 조화를 이룰 수 있다.

단독주택이 아파트와 다른 점 중 하나는 외부와 접하는 면이 많다는 것이다. 그러기에 내부공간을 디자인하지만 외부와의 관계를 어떻게 설정할 것 인가를 고민해야 그 공간을 더 풍부하게 만들 수가 있다.

이러한 고민이 주택의 공간을 더욱 풍부하게 만들고 의미 있게 만들 수 있다.

여餘 : 남기다, 나머지, 여가, 여분

마당, 비움, 남겨진 공간에 대한 고민….

물리적 비움은 다양한 삶으 풍경을 담을 수 있다. 건축적 사고에 의해 비워진 공간은 다양한 가능성을 가지게 된다. 비워진 공간은 사람, 건축, 대지의 관계를 더욱 긴밀하게 하고 공공, 도시, 자연과의 관계를 형성하게 된다. 그래서 여餘의 개념은 그 집의 이야기에 기본적인 시작점이 된다.

건강한 주택

목재는 지구상에 인간이 생활을 시작하면서부터 사용된 친근한 재료이다. 목재의 특성은 습도조절 및 단열효과로 쾌적함을 제공하고 무늬의 아름다움과 부드러운 색상의 이미지로 친숙함을 제공한다. 또한 살균, 방취성분(피톤치드)이 나무 냄새에 포함되어 있어 건강한 생활을 영위하게 한다. 건강한 주택을 만들기 위해서는 저에너지 주택을 위한 건축물리Building Science의 고민이 중요한 요소가 된다.

이 책에는 15채의 나무집이 있다.

15채의 주택은 다양한 이야기를 담고 있고, 전원형 주택, 택지개발지구내 주택, 듀플렉스 주택, 작은 공동체 마을로 분류해서 담았다.

나무집 이야기

전원형 주택
도시를 떠나

풍경을 담은 집

餘楓齋 景餘樓
여풍재 + 경여루

2014년 경기도건축문화상 금상
2014년 목조건축대전 본상

여풍재 + 경여루

餘楓齋 景餘樓

"경치가 너무 좋아서 이 땅을 샀어요"

여풍재는 남쪽으로 광교산과 백운산 그리고 서측에 바라산으로 둘러싸여져 있으며, 집 앞으로는 동막천이라는 작은 시내가 있는 고기리 유원지에 인접한 주택단지에 자리하고 있다.

평소 풍광이 좋은 곳을 즐겨 하시는 건축주를 위해 풍경을 담은 집을 제안하게 되었다.

풍경을 담다

정면과 측면 배면으로 이어지는 산세는 사계절 다른 풍경을 담아낼 수 있는 매우 아름다운 곳이다. 그래서 이 집의 이름도 '풍경'이라는 단어에서 '풍'의 여풍재 본채와 '경'의 한옥 별채의 경여루라 이름 지었다.

이러한 풍경들을 담기 위해 본채와 별채 2채의 집으로 나누어 집 속의 풍경과 채와 채 사이의 풍경을 나누어 담으려 하였다.

본채인 여풍재는 중목구조의 서양식 목구조로 남북으로 길게 배치하여 풍경을 담아 낼 수 있게 하였고, 사랑채인 경여루는 한식 목구조로 'ㄱ'자 배치의 작은 누마루가 있는 한옥으로 구성하였다.

이 두 채가 이루어 내는 내부공간은 나무라는 공통된 소재로 서양식과 한식의 조화를 볼 수 있게 된다. 그리고 이 두 채 사이에 비어 있는 마당과 중간마당 그리고 대문이 있는 아랫마당은 경사지를 극복하면서 각각의 풍경을 담게 된다.

← 마당
여풍재와 경여루 사이에 비어있는 마당은 주변 풍경을 담는다.

한옥의 담과 단을 이용하다

이 집은 여여헌 안주인의 어머님 댁이다. 여여헌을 설계 중에 어머님도 근처에 땅이 있다 하여 보게 되었고, 그 풍경에 압도되어 멋진 땅이라 평가하였다. 이 땅을 구입하게 된 경위도 너무 아름다운 풍경을 보고 땅 주인을 설득하여 구입하게 되었다고 한다.

기존에 살고 있는 아파트도 앞의 낮은 산을 풍경으로 담고 있는 집이었다. 아마도 자연을 좋아하고 그 풍경을 즐기기에 이 땅의 주인이 된 거라 생각된다.

답답함이 싫고 이 멋진 풍경을 담기 위해서는 4미터 정도의 경사지를 극복하는 대지 디자인이 필요했다. 여기에 우리 선조들의 지혜를 생각하지 않을 수 없다. 한옥은 담과 단의 건축이라 해도 과언이 아니다. 경사지에 지어지는 한옥은 적절한 담과 단을 두어 공간을 나누고 기능을 구분하고 시선을 분리하기도 한다.

이렇게 경사지의 대지를 4개의 레벨로 나누어 아랫마당, 중간마당, 안마당, 뒷마당으로 조정하여 각각의 레벨에서 풍경을 만들기도 하고 한식 담장을 이용하여 영역을 절절히 구분하기도 하였다.

원래 한옥은 이 곳에 들어설 예정이 아니었다. 건축주의 요청사항 중 황토방을 만들면 어떨까 하는 요청이 있었다. 황토방을 만들고자 함은 군불 때는 방을 말하는 것이다. 그러려면 넓은 대지에 작은 한옥을 한 채 지어 여름집과 겨울의 군불 때는 방을 만드는 것을 제안 드렸고 그 제안이 받아들여져 경여루가 탄생한 것이다.

소나무로 만든 두 집

본채와 별채는 각각 기둥, 보 구조로 되어있다. 본채는 서양식 소나무인 레드파인을 사용한 기둥, 보 구조이고 별채인 한옥은 우리 소나무인 육송을 사용한 전통 한식목구조로 만들어졌다.

이렇게 서양의 소나무와 우리의 소나무가 어우러 지는 집을 지어 소나무를 무척 좋아하는 건축주에게 집 안에서도 그 기운을 느낄 수 있게 디자인하였다.

목구조 중에 기둥, 보 구조는 경골목구조에 비해 구조재가 노출되어 목재가 가진 특성과 그 육중함이 다르다.

이렇게 다른 구법으로 만들어진 2채의 집은 다르면서 같은 의미를 가지게 하였다. 기둥, 보 목구조 그리고 같은 종류의 소나무 수종으로.

↓ → 담과 단
담과 단을 두어 경사지를 극복하고
다양한 풍경을 만든다.

삶의 풍경을 담은 15채의 나무집 이야기

내·외부의 다양한 풍경

여풍재, 경여루는 외부 공간과 내부 공간에서 느껴지는 풍경이 다르다. 다양한 풍경을 담을 수 있도록 배치와 개구부를 마련하였다.

본채의 여풍재의 1층은 많은 부분이 유리로 되어 있다. 겨울의 난방효율을 위해서는 비효율적이다. 그래서 많은 설득을 하였지만 답답함을 싫어하시는 건축주의 의견을 적극 수용하여 3중 유리 2면 로이를 적용하였고, 또한 여름철의 일사를 방지하기 위해 은막 코팅이 되어 있는 특수 롤블라인드를 설치하여 대응할 수 있게 하였다. 그리고 에너지 효율을 위해 신재생에너지인 지열 난방과 태양광 발전을 적용하여 유지관리에 대한 경제성도 반영하였다.

현대적인 디자인의 본채 여풍재와 우리의 멋이 있는 전통 한옥과의 만남은 결코 쉬운 조합이 아니었다. 이 두 관계를 자연스럽게 정리해 준 것이 조경이다. 조경가의 조경디자인에 의해 만들어진 공간들이 각 레벨의 마당을 근사하게 채워주었고 본 마당의 근경과 원경의 풍경을 멋지게 만들어 주었다.

↘ 여풍재 구조
서양식 소나무인 레드파인을 이용한 구조

← 경여루 구조
우리나라 소나무인 육송을 이용한 구조

→ 여풍재 1층 거실

그 결과 과하지 않고 조금은 비워져 있는 공간들이 아름답다. 그리고 현관 입구의 작은 연못에는 수생식물이 자라게 되어 마당의 풍경을 더욱 근사하게 만들게 되었다.

↑ 마당에서 본 풍경   → 경여루에서 본 풍경

겨울 집과 여름 집이 경여루와 여풍재에 있다. 여름에는 누마루의 접이문을 활짝 열어 시원한 바람과 풍경을 담게 되고 겨울에는 군불 때는 방에서 뜨끈하게 한숨 잘 수 있는 공간이 있다. 눈 오는 겨울에는 본채 2층의 안방에서 바라본 한옥의 지붕이 너무나 멋진 풍경을 만들어 준다.

휴식休息

평소 사업상 출장이 잦은 건축주는 집에서의 편안한 휴식과 힐링이 필요했으며, 더욱이 소나무를 좋아하는 건축주를 위해 서양 소나무(레드파인)로 만든 본채와 우리 소나무(육송)로 만든 별채에서 마당의 낙락장송과 함께 사계절 근사한 풍경을 담은 이곳에서 휴식과 힐링이 되길 기대한다.

↓ 경여루

→ 소나무
전통 담과 어우러진 소나무

餘然齋
여연재

자연을 담은 집

2013년 목조건축 대상

여연재 餘然齋

"내가 장손이어서 우리 집에 제사가 많아요"

수려한 산새에 자리한 여연재는 정면으로 북한강이 내려다보이는 훌륭한 자연 환경을 갖춘 경사지에 지어진 주택이다.

집안의 장손인 건축주는 은퇴 후 성장한 자녀들과 노모님과 함께 거주할 주택을 의뢰하였다.

경사지를 활용한 대지 디자인

대지는 개인 개발업체에 의해 택지개발이 되어 분양된 땅이다.

처음 대지를 접했을 때 주변의 땅들은 모두 도로 레벨에서 최소 5미터 이상의 높이로 기준 레벨을 잡아 대지를 평탄하게 만드는 작업이 진행되고 있었다. 여연재가 자리할 땅은 기존 지형 그대로 둘 것을 요청하였다. 인위적으로 조성된 평탄한 땅 위에 올려진 집이 아닌, 이 땅이 지니고 있는 지형적 조건과 자연과의 관계, 그리고 건축주의 요구사항 등을 고려하여 경사지를 적절히 활용한 대지디자인이 되어야 한다고 생각했기 때문이다.

지하층은 경사지를 이용하여 뒤쪽으로는 흙에 묻혀있지만, 전면이 개방되어 지하 같지 않은 공간을 만들 수 있어, 평소 친구들 모임과 유럽축구경기 관람 등을 즐길 수 있는 취미 공간이자 와인바를 갖춘 가족들과 별도의 공간이 될 수 있도록 하였다.

1층 마당으로 진입은 계단과 경사로를 각각 두어 무거운 짐을 옮길 때나 노모님의 이동이 편리하도록 하면서 자연스럽게 1층의 안마당과의 높이 차이를 극복할 수 있도록 계획하였다. 이렇게 조성된 경사로는 5미터의 높이 차이를 자연스럽게 극복하는 대지 디자인을 하게 된 것이다.

↘ 경사로

연로하신 노모님의 이동이 편리하도록
만든 경사로

자연을 담다

지상층의 배치는 일조량과 주변 자연환경에 어우러질 수 있도록 채를 나누어 배치하고, 분리된 채 사이로 마당을 두어 자연을 담고자 했다.

텃밭을 가꾸길 원하시는 어머님을 위해 뒷마당에 넉넉한 텃밭을 조성하고, 어머니의 방은 마당과 인접하게 배치하여 출입하는 사람들을 쉽게 인지될 수 있도록 하였다. 부부의 안방은 별채로 만들어 어머님의 방과 적당한 거리를 두면서 서로 인지할 수 있도록 배치하여 고부간의 프라이버시를 확보하였다.

건축주가 개방감이 있는 2개 층이 트인 거실과 멋진 풍경을 담아낼 수 있는 개구부를 요청하여, 경골목구조의 구조적인 한계가 있었지만, 전문가에게 자문을 구하며 4계절의 멋진 북한강의 풍경을 담을 수 있었다. 주요 외장재는 징크, 하디스판넬(시멘트 계열의 보드), 열처리 목재를 사용하여 모던함을 연출하는 동시에 주변 환경과 조화를 이루도록 하였다.

← 1층 거실
↓ 2층 고정창
자연을 한가득 담고 있는 거실

← 마당이 내다보이는 식사공간

큰 집에서 에너지 절약하기

여연재는 100평에 가까운 큰 집이다. 대지 또한 300평에 가까운 큰 땅이기도 하다. 장손이기에 1년 동안의 제사 또한 많고 한번 모이면 30여 명이 모이기에 큰 집이 필요해서 이곳에 집을 짓는 이유이기도 했다.

큰 집을 유지하기 위해 유지관리비용을 고려하지 않을 수 없었다. 대지의 위치가 꽤 높은 곳에 있기에 일조량이 매우 훌륭하여 태양광발전과 겨울철 난방비의 효율을 위해 지열 난방을 추천하였다. 다행히 그린홈 100만 호의 자금이 있어 50% 정도의 자부담으로 두 가지 신재생에너지를 다 적용할 수 있었다.

또한 2개 층의 높이의 거실 때문에 겨울철 난방효율을 위해 벽난로도 설치하였다. 집이 완공되고 겨울철 방문하여 보니 벽난로에 설명서가 그대로 있는 것이 아닌가? 노모님께 "왜 난로를 때지 않으셨어요?"라고 물으니 춥지 않다고 하신다.

우선 북한강 변이어서 일교차도 크고 겨울에 춥기에 단열과 기밀에 많은 신경을 썼고 거기에 신재생에너지 지열 난방과 태양광발전을 적용하여 이 집의 겨울철 유지 관리비는 적은 비용으로 쾌적하게 지낸다는 말에 기뻤다.

→ **마당**
산새의 푸르름을 담은 마당

산새에 집을 짓는다는 것

기존 경사지형의 훼손을 최소화하는 범위로 작업을 진행 하였지만, 여름철 폭우로 인하여 뒷마당 경사지의 자연석 쌓기를 한 부분의 누수로 인해 부분적 보강공사를 시행하는 일이 발생하였다. 당시 현장의 상황들을 생각해보면 훼손된 자연이 가져올 수 있는 재해에 대해 다시 한번 자연과의 조화에 대한 중요함을 일깨워 준 고마운 교훈이 되었다.

산지전용, 개발행위, 적지 복구에 따른 행정적인 문제에 많은 어려움이 있었고, 택지개발을 한 개발업자의 무책임한 처사, 인근 부지의 계획 레벨에 대한 정보의 부재 등 우여곡절이 있었지만, 그만큼 많은 공부를 하게 해 준 프로젝트였기에 소중하다.

← **뒷마당 경사지**
자연석 쌓기 누수 보강 이후에는 근사한 텃밭으로 지금까지 잘 쓰이고 있다.

순응 順應

뛰어난 공간을 만드는 것 보다 기존의 질서에 순응하는 보편타당한 집을 디자인하는 것이 나의 건축적 생각이다. 이곳에 나의 건축적 생각들이 반영되었고 공부가 된 곳이다.

은퇴 후 수상스키와 스포츠를 즐기시는 부부 그리고 자연 속에 삶에 익숙하신 노모님, 성장한 자녀들이 북한강 줄기를 바라보며 여연재에서 행복한 삶을 만들어 가실 것을 기대한다.

↓ 현관
우체통과 함께 디자인되어진 현관

2015년 경기도건축문화상 입선

향여재
鄕餘齋

시간의 추억을 담은 집

향여재 鄕餘齋

"흙 밟으며 오순도순 자연과 함께 살고 싶어요"

누구나 어린 시절 자라온 환경에 대한 동경을 가지고 있다. 평택 주택을 향여재라 이름 지은 것도 그러한 마음을 담은 것이다. 향여재의 건축주는 성장한 두 딸을 둔 평택의 분들이다. 이제 곧 결혼을 앞둔 큰 딸과 서울에서 생활하는 작은 딸 모두 함께 살아갈 집을 만들고자 한다.

무차별적으로 개발된 땅

"화려하지 않고 소박한 집. 부드러우며 따뜻한 느낌의 집."

내게 요청하신 집의 의미이다.

우선 지어질 땅을 보고 그 의미를 다시 생각해본다. 그리고 많은 이야기를 나누면서 요청하신 집을 구상하기 시작했다.

향여재의 대지는 일반적인 집 장수들이 임야를 개발하여 만들어진 땅이다. 그러기에 경사지를 이용하거나 기존 자연에 대한 질서를 유지한다거나 하는 그러한 자연의 소중함을 반영하지 못한 일반적인 땅이다.

처음 땅을 접했을 때 이곳의 소중함은 무엇일까 하는 점이었다. 이 땅을 구입하게 된 동기는 다시 마을로 돌아와 가족들과 오손도손 살려는 의지이다. 그렇다면 그러한 환경이 될 수 있는 땅이 지니고 있는 가능성은 무엇일까를 한참동안 찾아보았다. 인근 전체를 둘러보고 나서야 정말 좋은 풍경을 알게 되었다. 남쪽에 있는 낮은 곳의 땅은 절대 농지이고 그 뒤의 나지막한 동산은 좋은 풍경의 요인이 될 수 있었다.

사계절 풍경을 바꾸어 주는 논과 밭 그리고 그 뒤의 숲은 향여재의 좋은 조경이 될 것이다.

↑ 무질서한 대지 조성
기존 자연의 질서가 고려되지 않은 채 개발된 대지

긴 처마를 두다

주택은 대지가 지닌 환경에 많은 영향을 받는다.

향여재는 남쪽으로 사계절 멋진 풍경을 만들어 주는 자연을 품고 있다. 또한, 일조량이 많아 빛을 적절히 조절하는 것도 필요하다. 긴 처마를 두어 마당으로 연결되는 반 외부 공간(포치Porch)을 만들었다.

이 공간은 빛의 양을 조절하기도 하고 보슬보슬 비가 올 때 비를 즐길 수 있는 공간이 되기도 하는 곳이다. 실제 공사가 다무리되어가는 더운 여름에 마당의 뜨거운 햇살을 받으며 포치를 지나 거실로 들어서는 과정에서 그 기온의 변화를 느낄 수 있었다.

↑ 긴 처마 (포치, Porch)

독립적이면서 함께 할 수 있는 공간

향여재의 특이한 점은 안방이 2개라는 것이다. 곧 결혼하는 큰 딸을 위한 안방과 부부의 안방인 것이다.

↑ 향여재 개념도
기존 자연 질서에 순응한 평면 및 단면 개념

독립적이면서 함께 할 수 있는 공간을 만드는 것. 그리고 작은 집….

내부의 공간은 좌, 우로 안방을 두어 적절히 분리하고 그 사이 공간에 거실과 키친브러리Kitchen+Library를 두어 가족들이 함께할 수 있는 공간을 두었다.

그리고 거실에는 특별한 가구를 기획하였다. 아빠는 스포츠를 좋아하여 퇴근 후에는 TV시청을 즐겨 하시고 엄마와 두 딸은 음악을 들으며 이야기를 한다거나 차를 마시며 책을 읽는 것을 즐겨 하신다고 했다. 그래서 TV를 보는 공간을 따로 만드는 것을 제안했다. 그런데 그렇게 되면 아빠와 단절이 되어 좋지 않다는 의견에 따로 또같이 할 수 있는 공간을 만들기 위해 높이 1.2미터의 가구를 만들어 TV를 담은 면과 반대면은 책과 장식품을 담을 수 있는 가구를 디자인하였다. TV의 스피커가 뒷면에 있기에 가구 속에 담으면 적은 음량에도 시청이 가능하고 1.2미터 높이는 소파에 앉으면 공간이 분리되고 일어서면 공간이 합쳐지는 높이가 되기에 따로 또 같이 할 수 있는 공간이 된 것이다.

그리고 반대편 화장실이 있는 벽을 책장으로 벽면을 디자인하여 키친브러리의 공간을 만들어 엄마와 딸이 비 오는 날 거실 창문을 열어놓고 빗소리를 들으면서 차 한잔 할 수 있는 공간을 연출하였다.

↓ 거실 공간 분리
1.2m의 가구는 거실 안에서 서로 간의
영역을 구분하면서도 단절시키지 않는다.

부엌 상부에는 다락을 두어 취미 공간 및 서재의 공간으로 활용할 수 있도록 하여 거실과 소통하게 만들었다. 서재는 연구를 하는 큰 딸 부부를 위한 배려이기도 하다. 이렇게 작은 공간조차도 배려가 있고 꼼꼼히 챙기게 된 것은 건축주의 섬세한 의견 덕분이다.

← 1층 거실

← 2층 서재

야생화가 가득한 작은 정원

작은 마당에는 조경가의 손길로 풍성한 마당이 되었고, 야생화를 공부한 건축주 덕분에 사계절 내내 멋진 풍경을 만들어내고 있다.

이 작은 정원은 국립수목원에서 선정한 '가고 싶은 정원 100선'에 선정될 정도로 건축주의 솜씨가 돋보이는 정원이 되었다.

↓ 정원

행복 幸福

설계가 진행되면서 공간에 대한 이야기를 나누면서 행복해하시는 건축주께 감사하다. 또한 작은 공간 하나하나를 다듬어가면서 풍경이 좋은 마을에 작은 집을 짓고 온 가족이 오순도순 자연과 함께 행복한 삶을 지내고 계셔서 감사하다.

↓ 편지
매년 향여재의 생일때마다 건축주로부터 온 편지들

2017년 경기도건축문화상 입선

선여재
宣餘齋

나눔과 베풂이 있는 집

선여재 宣餘齋

"튀지 않고 깔끔한 집, 따뜻하고 실용적인 집을 지어주세요"

심학산을 배경으로 있는 주택단지의 한 필지이다. 인근에는 오래전에 만들어진 전원마을 단지가 있다. 개인이 필지를 개발하여 분양한 땅이다. 경사가 심하지 않아 각 필지의 조건이 매우 좋다. 대지의 크기는 약 150평의 계획관리지역의 땅이다. 단독주택을 짓기에 충분히 큰 마당을 가질 수 있는 조건이다. 또한 남쪽으로 넓은 땅이어서 따뜻한 햇볕을 충분히 받을 수 있는 땅이기에 좋은 조건이다. 튀지 않고 깔끔한 집, 따뜻하고 실용적인 집 그리고 마당 깊은 집. 이 집의 조건들이다.

↓ 심학산을 배경으로 한 대지

취향이 다른 부부

처음 이 땅을 분석하고 대안을 만들어가면서 첫 번째 미팅에서 건축주 부부와의 만남이 그리 행복하지 못했다. 많이 바쁜 일정이어서 그런지 함께 집중해서 이야기를 나누지 못했다. 설계를 진행하면서 여러 번의 미팅을 하는 이유는 그 시간 동안 많은 대화의 내용들이 집을 만드는 중요한 요인이 되기 때문이다. 그리고 서로의 공감대를 형성해야만 행복한 집짓기가 이루어지게 된다.

여러 차례의 미팅을 거듭하면서 조금씩 익숙해졌고 집을 만드는 것에 함께하게 되었다. 그래서 농촌에서 자란 남편의 순수함과 어린 시절 마당에서 강아지와 함께 지낸 시간들의 로망을 집에 담을 수 있었다. 반면에 부인은 깔끔한 분위기의 집을 선호하여 너저분한 것을 좋아하지 않는 성향으로 모든 것이 잘 정리되어 있어야만 했다.

나무를 좋아하는 남편과 나무의 무늬결이 싫은 부인의 의견을 조율해야 하기에 1층과 2층의 분위기를 서로 다르게 연출하게 되었다.

부드러운 목재가 매력적인 1층

전체적인 디자인은 장식이 없는 모던한 스타일로 디자인 방향을 정하였다.

1층 거실과 식당은 내부에 서까래가 노출되게 하여 목재의 부드러움이 드러나게 하고 거실 밖 넓은 데크에는 수평의 캐노피를 포치의 역할을 할 수 있도록 1.5미터의 폭으로 설치하여 비가 오는 계절 빗소리를 들을 수 있고 한여름 햇빛을 가릴 수 있는 한옥과 같은 깊은 처마의 역할을 할 수 있게 하였다.

데크와 포치는 이 집의 거실의 공간을 외부로 확장시킬 수 있는 중요한 역할을 한다. 그리고 주방의 보조 주방에서도 외부로 연결되게 되고 외부 수돗가에서는 작은 텃밭의 채소들을 씻을 수 있는 공간이 마련되어 있다.

처마 깊은 포치와 작은 텃밭은 단독주택에서 누릴 수 있는 좋은 공간들이다. 1층에서 주로 시간을 보내는 부인에게 작은 공부방이 필요하였다. 영

↑ 1층 거실
천장 서까래를 노출하여 목재의
부드러움을 드러내었다.

← 계단 아래 작은 서재

→ 다락
하늘을 담은 아이들만의 아지트이다.

어학 박사인 부인은 틈틈이 공부를 계속하여야 하기에 혼자만의 공간이 필요한 것이다. 거실 옆 계단 아래 안성맞춤의 작은 서재는 부인의 전용 서재가 되었다.

실용성을 강조한 2층

2층은 철저히 부인의 의견에 맞춰 정리되었다. 현재 아이가 1명이지만, 1명 더 둘 계획이 있기에 아이 방을 2개를 만들고 조그만 다락은 아이 방에서 필요시 사다리를 내려 올라갈 수 있도록 만들었다. 아이들의 아지트가 된 것이다.

그리고 가족실은 박공의 경사가 그대로 노출되게 마감되었고 피아노를 치기 위해 앉으면 심학산이 눈앞에 다가온다. 그리고 아이와 함께 숙제도 하고 책도 읽을 수 있는 책장으로 둘러싸인 공간이 있다. 윈도우 시트로 된 남쪽의 큰 창은 의자가 되기도 하고 햇살 좋은 날 기대어 풍경을 즐기기엔 그만이다.

↑ **2층 가족실**
따스한 햇살 아래 책을 읽기도 하고
피아노도 치는 공간으로 다락과 시선으로
연결되어 있다.

→ **안방코너창**

안방은 마을 전경을 다 볼 수 있는 곳에 코너창을 내어 조망을 즐길 수 있게 하였다. 거기에 붙박이장은 붙박이장과 옷방을 함께 가진 것으로 옷장을 열면 그 속에 옷방이 있는 옷장과 옷방을 함께 만들어 실용성 있고 간결하게 구성하였다.

2층에도 넓은 데크가 있다. 1층의 게스트룸의 상부를 옥상정원으로 만들었다. 목구조에서 평지붕을 만들기엔 방수와 목재의 수축에 의한 하자가 많이 날 수 있다. 그래서 1차 방수를 하고 스테인리스스틸로 2중 방수를 하여 목구조의 취약한 부분을 해결하였다.

↑ 옥상 데크
하자가 없도록 방수를 이중으로 하여 목구조로 평지붕 데크를 만들었다.

→ 외장재 (현무암 벽돌 & 이페 목재 사이딩)
법을 다루는 강직함을 현무암으로, 이타적인 부드러운 마음을 이페로 표현하였다.

건축주를 닮은 집

외장재의 선정에서도 많은 이야기를 나누어 결정하게 되었다.

변호사인 남편의 성품과 군더더기 없이 깔끔한 마감을 원하는 부인의 감각을 함께 적용하기 위해 변하지 않는 재질과 변함에도 물성의 깊이를 지닌 재질을 추천하였다. 현무암 벽돌과 하드우드 이페 목재 사이딩이다.

법을 다루는 강직함을 표현하는 현무암과 부드러우면서도 강한 나무 이페를 추천하였다. 남편은 법을 다루기도 하지만 불우하거나 억울한 상황에 처한 분들을 위해 내 일처럼 나서서 도움을 주는 부드러운 감성을 지닌 분이다.

5개월 남짓 설계를 하면서 많은 이야기가 오가게 되었고 거기서 처음 느꼈던 서먹함이 이제는 선한 촌사람같이 느껴졌다.

공사가 막바지에 이를 때 진돗개 2마리를 키울 예정이라는 말을 들었다. 강아지 집 설계를 해야 한다도…. 2마리를 강아지를 키울 예정이고, 그 종이 진돗개이기에 그 특성에 맞게 설계를 하고 집들이 선물로 지어드렸다. 강아지 집이 제법 폼 난다.

宣 : 베풀 선

마음을 움직일 수 있는 것은 사람의 마음과 감성이다. 이 집을 의뢰한 부부는 마음을 움직일 수 있는 따뜻한 분들이다. 그래서 이 집의 이름이 "나눔과 베풂이 있는 집, 선여재"가 되었다. 함께 나누고 이웃을 만들고 함께 웃고 함께 아파하는 그런 마을이 되길 바라고 언제나 웃음꽃이 가득한 집이 되길 기대한다.

→ 선여재 현판

마치 영화처럼,

含餘齋
함여재

함여재 含餘齋

"전원에 작은 집을 짓고 싶어요"

"전원에 작은 집을 지으려 하는데… 아직 구조는 콘크리트 구조가 좋을지 목구조가 좋은지 잘 모르겠습니다." 라는 전화와 함께 상담을 요청해 왔다. 함여재의 인연은 이렇게 시작 되었다.

같이 땅을 보러 가다

아직 땅을 선정하지 못한 상태라 후보지가 정해지면 같이 땅을 보러 가기로 했다. 양평에 2곳의 후보지가 있어 함께 답사를 나섰다.

↑ 함여재 대지 답사
건축주와 집을 지을 땅을 보고 함께 이야기를 나누고 있다.

전망이 좋은 땅, 그리고 아늑하고 조용한 땅, 둘 다 특징이 있지만 전망이 좋은 땅은 관광지와 인접해 있고, 이제 막 개발된 땅이어서 마을로 정착되기엔 아직 시간이 필요하고 정주성이 떨어져 보였다. 아늑하고 조용한 땅은 접근하는 길의 운치와 10호 정도 되는 주택이 정착되어 현지인과 외지분이 함께 어우러진 작은 마을이었다.

두 땅에 대한 법규적 검토를 한 뒤, 최종 두 번째 땅을 권해드리고 설계에 임하였다. 땅의 조건은, 전망이 좋은 남향에 위치하고 있으나 남측 전면 도로에 노출되어 있어 일조량과 전망 그리고 도로 면어 노출된 시선을 건축적으로 잘 해석해야 했다.

전원생활을 하고 싶은 이유

젊은 부부의 집으로 출퇴근하기엔 물리적 거리가 꽤 먼 곳이었다. 출퇴근 거리에 문제가 없는지 물어보니, 직업이 영화 촬영감독이어서 큰 불편함이 없다고 한다. 그러면 전원에 집을 짓고 살고 싶은 이유가 무엇인지 다시 질문을 하였다. 남편은 서울에서 살았고 부인은 지방에서 살았기에 부인은 오히려 전원생활에 익숙하고 남편은 전원에 맞추어 생활할 계획이라 한다. 그리고 아이가 태어나면 마당 있는 집에서 아이와 함께 하고 싶다 한다. 옳은 생각이다. 아이가 자연 속에서 유년기를 보낼 때 콘크리트 숲인 도시에서 보다 감성적 발달에 매우 유리하다. 실로 많은 부분의 답은 자연에 있지 않은가?

영화, 그리고 고양이와 함께

설계를 시작하면서 현재 살고 있는 집을 방문하여 집의 분위기 및 새로 지을 집에 대한 요청사항에 대해 회의를 하였다. 그리고 가져갈 가구와 전자제품들을 조사하였다. 현재, 아이가 없는 젊은 부부는 반려묘 3마리와 함께 살고 있다. 그래서 고양이와 함께하는 집도 이 집에서 특별하고 중요한 요인이 된다.

다행히 필자도 고양이 2마리와 함께 생활하고 있어 고양이의 습성에 익숙하여 고양이에 대한 이야기가 자연스러웠다.

집을 방문했을 때 책과 영화에 관련된 기록물들이 많았다. 이러한 자료들은 점점 늘어날 수 있는 것이기에 설계에 반영되어야 할 중요한 요소가 된다. 그리고 고양이와 함께 생활해야 하는 것도 특별한 부분이다.

거실은 소파가 아닌 큰 테이블을 두어 식탁도 되고 회의 테이블도 되고 작업 테이블도 되는 그러한 공간으로 사용하고 있고 신축되는 집에도 그렇게 사용하길 원하였다.

영화, 책, 기록물, 고양이, 소파 없는 거실…, 일반적이지 않은 집의 프로그램을 잘 담기 위해 행복한 고민을 시작하였다. 그래서 1층의 중심공간에 큰 테이블과 오픈된 주방 그리고 2층까지 확장된 벽면의 수납공간이자 고양이 캣타워를 겸한 벽면의 공간이 이 집의 특별한 디자인이자 공간이 되었다.

↓ → 캣타워를 겸한 벽면 수납 공간
벽면 수납 공간은 건축주의 책장이자,
고양이가 따스한 햇살 아래 쉬는 곳이다.

외부공간의 활용

2층까지 연결된 사선의 지붕은 2층 멀티룸으로 연결되어 일체감을 주었다. 또한 2층의 발코니로 나가게 되면 남측의 근사한 풍경을 담을 수 있다. 계절의 변화를 느끼면서 충분한 힐링이 가능한 발코니가 되리라고 생각한다.

1층 현관 출입구와 거실 면에 있는 넓은 데크는 지붕의 형태를 연장하여 비와 햇빛을 가리는 공간으로 만들어졌다. 이곳은 반 외부공간으로 다양한 행위가 이루어질 수 있는 곳이다. 놀이, 쉼, 야외 식사, 파티, 캠핑 등….

✓ 데크
나무를 좋아하는 건축주를 위해 지붕, 벽, 그리고 데크를 목재로 마감하여 근사한 반 외부공간을 만들었다.

↓ 2층 발코니
2층 발코니에서는 아름다운 주변 풍경을 즐길 수 있다.

새로운 가족家族

설계가 마무리될 무렵 행복한 소식이 전해왔다. 건축주에게 2세가 생겼고 그해 겨울에 태어난다고…. 아이와 함께 건강한 나무집에서 살게 되어 기쁘다고….

함여재含餘齋의 의미는 인생의 삶에 남겨진 것들을 살아가면서 담아가는 집을 뜻한다. 마치 영화처럼….

↓ 함여재 전경

餘喜齋 喜喜樂樂

여희재 + 희희낙락

웃음과 기쁨이 가득한 집

여희재 + 희희낙락

餘喜齋

喜喜樂樂

"마을의 풍광을 거슬리지 않는 자연스럽고 아늑한 집이었으면 좋겠어요"

여희재와 희희낙락은 한 통의 편지로 부터 시작되었다. 헨리 데이빗 소로의 '월든'과 장 지오노의 '나무를 심은 사람'에 감명을 받은 두 명의 건축주는 그들의 보금자리가 마을 풍광을 거슬리지 않는 자연스럽고 아늑한 집이 되길 원하였다. 다소 거친 흙과 돌의 대지에 자연과 함께 어울러질 수 있는 나무집을 짓겠다는 의지와 마을 주민들과 함께 어우러 지내고자 하는 마음은 그들의 소망이자 건축의 조건들이었다.

건축주의 소망과 노바의 설계 주안점인 '시간과 삶이 녹아있는 보편적인 건축'을 구현시키기 위하여 건축물의 재료와 조경뿐 아니라 마을과의 관계까지 신중한 검토가 필요하였다. 시간의 흐름을 반영하는 목구조와 마을과 함께 익어 갈 수 있는 보편적인 건축을 위하여 설계 과정에서 내·외부의 공간들은 건축주와의 협의를 통하여 충분한 합의가 필요했다.

제주도 밭 위에 집짓기

대지는 건축물 하나만을 넣기에는 너무 넓은 밭이었고, 경계가 현무암으로 둘러 쌓여 있어 제주에서 흔히 볼 수 있는 경관을 가지고 있었다.

그래서 넓은 필지를 분할하여 가장 안쪽에 건축주의 보금자리와 일터, 마당을 마련하고, 건축주 두 분이 정착 후, 시간의 변화됨에 따라 마을의 조건들과 화합을 실현시키고 분할된 필지에 커뮤니티 시설을 구성하는 것으로 마스터플랜을 제안하였다. 마당은 모두의 공간이 되어 미래의 커뮤니티 시설을 꿈꾸는 대지들과 관계를 맺고 보성리의 청사진이 완성될 것을 상상하면서 설계에 임하였다.

← 여희재 대지
제주도 돌담으로
둘러싸인 무밭

↓ 귤 창고
제주도에서 흔히 보이는
귤 창고는 지역 특색이
녹아들어가 있다.

제주를 담다

집의 유형적 컨셉은 제주 귤 창고를 모티브로 하였으며 제주와 가장 어울리는 재료(현무암 및 목재, 돌, 코르크 등의 천연 재료)들을 두고 건축주와 함께 고민하였고 그 결과 청명한 제주도에 적삼목의 따뜻한 질감을 더하는 것으로 합의를 보았다.

일과 삶이 공존하는 곳

건축주의 새 터전인 제주도에서 일과 삶을 함께 할 수 있는 공간이 필요하였고, 한 채의 건물로 만드는 동시에 각 영역을 독립시켜 출근을 위해서는 반드시 현관문을 나서야 하는 것을 강조하였다. 건축주의 방은 각 층으로 분리시켜 개개인의 사생활을 유지할 수 있게 만든 한편, 공용공간인 거실을 2층의 가족실까지 오픈시켜 확장된 공간으로 연출하였다.

↓ ↗ 1층 거실   → 마당데크와 긴 처마

웃음과 기쁨이 가득한 집, 그리고 카페

여희재餘喜齋는 이곳에 함께라는 의미가 깃들여져 있고, 새로운 삶의 시작에 있어 항상 웃음과 기쁨이 가득한 집이 되길 바라며 여희재라 이름을 지었다.

본채와 붙어있는 카페 희희낙락HiHiRockRock은 '여희재'의 일관된 의미와 함께 "희희낙락 즐겁게 놀자"는 의미를 지니고 있다. 또한 제주의 상징인 돌들과 인사하는 "안녕 돌맹이들아~"의 뜻도 지니고 있다.

← 제주도 풍경을 담은 창
↑ 다락으로 올라가는 계단
→ 마당에서 바라본 희희낙락
폴딩도어를 설치하여 제주의 풍경을 담는다.

나무집 이야기 웃음과 기쁨이 가득한 집, 여희재+희희낙락

희락喜樂 : 기쁨과 즐거움

입주 이후 건축주분들이 보내준 사진은 풍물복을 입은 마을 주민들이 건축물 내외로 지신밟기를 하는 모습이었다. 건축주와 마을분들이 함께 어우러지고 주민들과 함께 이 집의 축복과 즐거움을 나눌 수 있어서 많이 기쁘다는 소식을 전해 주어 의도한 대로 사용될 수 있는 가능성을 보았다. 희희낙락은 보성리를 대표하는 카페가 되어 현재는 제주 여행 중, 이 카페를 만나기 위하여 보성리로 찾아오시는 분들이 계셔서 행복하다고….

↓ 지신밟기

도시 속에서

택지개발지구 내 주택

餘天齋
여천재

하늘을 담은 집

2010년 목조건축대전 본상

여천재 餘天齋

"카페같이 예쁜 집을 지어주세요"

> "미는 감추어진 자연법칙의 표현이다.
> 자연의 법칙은 미에 의해서 표현되지 않았더라면
> 영원히 감춰져 있는 대로 일 것이다"
> — J.W. 괴테 / 격언과 반성

도심 속 청명한 가을 하늘

가을 하늘이 높아만 가는 10월, 판교 운중동에 땅을 보러 갔다. 서판교 운중동 택지개발지구이기에 당연히 전원형 주택이라 간주하고 땅을 보는 순간 당황함을 금치 못하였다. 많은 대지가 바둑판처럼 나누어져 있는 허허벌판이었고 도로 넘어서는 높은 아파트의 공동주택이 지어져있는 그러한 전형적인 택지개발지구의 대지였다. 예상했던 대지의 상황과 너무 달라 혼란한 가운데 청명한 가을 하늘이 내 눈에 들어왔다.

하늘을 담다

판교 택지개발지구와 같은 계획도시에 땅을 비우는 일은 건축법규의 규제와 경제적 이유 그리고 지구단위계획에 내재된 공공성과의 관계를 함께 고려해야 하는 일이다.

　여천재는 전통 공간의 현대적 재해석을 통하여 비워진 외부공간과 내부공간을 소통시키고 공공과의 관계 맺음을 형성하려 하였다.

　대지 내 법적인 부분을 해석하고 내부의 기능을 적절히 나누어 중정과 후정, 수공간, 그리고 누마루에 이르는 다양한 우리의 전통 건축에 있는 요소들을 현대적인 생활공간으로 구축하고 전통 건축 배치 개념을 통하여 외부공간을 효율적으로 적용하였다.

공간의 분리로 생겨난 중정은 도심 속에 자연(하늘)을 유입시키고 공공으로부터 독립된 마당의 역할을 하게 하였다.

↑ 중정
복잡한 도심 속 독립된 고요한 중정에는 하늘, 그리고 연못을 담았다.

← 부엌에서 바라본 중정

집은 삶을 담는 그릇

ㄷ자 집 한가운데 형성된 마당에는 바람, 햇살, 하늘이 쉬어가고 흘러가며 삶의 공간을 자연의 이치로 채우게 된다. 마당과 직접 면하는 1층에는 거실과 주방, 식당이 있어 다소 공적인 실들로 배치하였고 현대적으로 재해석된 누마루를 계획하였다. 2층에는 안방, 자녀방, 가족실과 같은 개인적인 공간으로 구성하였고 다락과 지하 1층은 서재와 취미실로 계획하였다.

성별이 다른 두 자녀를 위한 2층의 공간은 방, 가족실, 화장실 그리고 각자 자유롭게 이용할 수 있는 두 개의 다락은 아이들이 자라면서 채워 갈 공간이기도 하다.

주택은 단순한 물리적 구축물이 아니라 한 가족의 삶의 이야기를 담는 그릇의 역할을 하여야 한다. 여천재는 이러한 작업의 연장선에 있다. 도심 속에서 삶의 풍경을 꾸려 나갈 수 있는 마당을 마련하고 더불어 자연을 유입시키면서 삶을 더욱 풍성하게 해준다.

여천재의 자연은 하늘이다. 그 하늘을 담은 마당은 조경가와 함께 작업하여 단풍나무와 70여 종의 야생화를 심었다. 봄, 여름, 가을 각각 시기에 맞춰 꽃이 피게 되어 마당을 근사하게 만들 것이라 생각한다. 특히 안주인이 식물을 좋아하여 더욱 풍성해질 것이다.

← 여천재와 단풍나무

→ 1층 거실
한옥을 현대적으로 해석하여 서까래와 누마루를 담았다.

↓ 다락
2층과 시선으로 연결되어 있는 다락은
건축주의 서재이자 아이들의 공부방이다.

↓ 중정 파라솔
바람과 햇살을 맞으며 이웃과 함께 공유할 수 있는 마당

↓ 작은 텃밭
건축주 스스로 텃밭을 만들어 쌈 채소를 기르고 있다.

집 속의 작은 연못

이 집의 중정에는 작은 연못이 있다. 폭이 좁고 긴 연못이다. 이 연못은 불교의 의미가 적용된 금천이라 생각하며 만들었다. 집주인의 직업상 숫자와 씨름을 해야 하는 직업이기에 매일 머릿속이 복잡하다고 한다. 그러기에 이 연못을 지나면서 바깥일은 모두 씻어내고 집에서는 화목한 가정을 이루라는 의미이기도 하다.

　이 연못에는 수생식물과 작은 금붕어가 살고 있다. 겨울이 되어 금붕어를 실내로 들여야 되는데 건축주는 금붕어를 위해 수중 난로를 준비하여 금붕어의 생명을 이어가게 했다. 이 또한 작은 행복이라 생각된다. 이처럼 집은 건축가에 의해 태어나지만 가족들의 이야기 속에서 채워지고 성장해가는 것이라 생각된다.

↑ 연못에 사는 금붕어

야생화로 둘러싸인 중정 연못에는 건축주의 반려어인
금붕어들이 여천재 안에서 함께 살아가고 있다.

→ 여천재 현판

다복한 중정中庭

처음 건축주 안주인께서 부탁한 "카페 같은 집을 지어주세요"라는 질문에 집이 지어진 후 젊은 연인이 중정으로 들어와 커피 주문을 했다고 한다. 그 질문에 충분한 답이 된 것 같다. "카페같이 예쁜 집…"

그리고 지금은 그 중정에서 옆집과 뒷집의 이웃이 모여 차도 마시고 수다도 떠는 좋은 공동체의 공간이 되었다는 소식도 들었다. 이웃이 생기고 마을이 되어가고 있어 정말 다행이다. 비워진 공간이 가장 효율적으로 사용되어 행복하다. 하늘 담은 집 여천재는 이렇게 작은 마당이 이 집을 풍부하게 만들어가고 있다.

생각이 머무는 집

餘惟軒
여유헌

2015년 목조건축대전 본상

여유헌 餘惟軒

"저에너지주택, 건강한 집,
편안하고 튀지 않는 집을 원합니다"

생각이 머무는 집, 여유헌은 처음부터 연구하는 자세로 설계에 임하였다. 건축주가 에너지에 대한 관심이 많았고 새로운 것에 대한 탐구에 관심이 많아 더욱더 그러했다. 나 또한 고단열주택과 에너지 절감에 관한 관심이 많이 있어 이 프로젝트가 좋은 기회라 생각되었다. 현재 패시브 기술과 수퍼E 교육을 받은 나로서는 이 작업에 그간 공부한 내용을 실천할 수 있는 계기가 되었다.

→ 패시브 &
슈퍼E 자격증

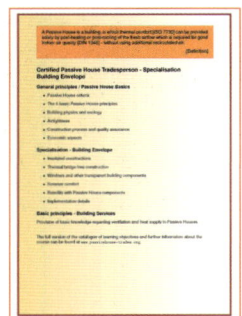

코르크를 외장재로 쓰다

그러한 기회 중 하나는 외장재 사용에 대한 관대함이다. 일반적으로 새로운 자재를 사용할 경우 국내 사례가 없으면 꺼리게 되는 것이 일반적이나 국내에서 최초로 탄화코르크보드라는 코르크를 소재로 만든 100% 친환경 소재를 사용할 기회도 주어지게 되었다.

→ 포르투갈의 초등학교
포르투갈 현지에서 본 탄화코르크보드를 외장재로 사용한 초등학교

운중동과의 만남

설계를 진행하면서 느낀 점은 부부의 의견이 분분하였고 이러한 부분들을 하나씩 정리하면서 이해와 합의의 중요성을 알게되었다.

첫 미팅이 끝나고 메일이 도착하였다. 엑셀파일로 정리된 메일의 분량은 엄청난 질문과 의견이 담겨 왔다. 꼭 시험을 보고 오답에 대한 의견서를 제출해야 하는듯한 느낌이었다. 회의와 설명을 통해 이견들을 좁혀갔고 하나씩 합의점이 도출되기 시작하였다.

이 집에는 처음 시도한 것이 많이 있다. 고단열주택을 만들기 위해 꼼꼼한 설계와 꼼꼼한 시공이 필요한 집이다.

또한 이 집은 운중동에 거의 마지막 남은 필지이다. 그래서 이웃과 공존하면서 독립성을 유지하는 방안은 무엇일까 하는 고민이 대지와의 만남에서 첫 번째 드는 생각이었다. 땅은 윤중로 대로변에 면한 대지이다. 세로로 긴 땅, 소음, 좌, 우 모두 집이 들어선 상황이다. 오랫동안 땅의 주변을 돌아보며 시간을 보냈다. 답이 잘 떠오르지 않는다. 윤중로를 건너 빈 땅을 바라보고 다시 다가서기를 반복하며 땅과 무언의 대화를 시작했다.

→ 여유헌 대지

철근콘크리트+경골목 구조

폭이 좁고 깊은 땅에 실내 주차장을 만들어야 하고, 2층에 옥상정원을 만들어야 하는 점은 목구조가 가진 취약한 부분이기도 하다. 이러한 부분을 해결하기 위해 철근콘크리트 구조와 경골목구조의 하이브리드 공법을 생각하게 되었다. 철근콘크리트의 견고함과 목구조의 부드러움의 조합인 것이다. 주차장의 넓은 스팬과 옥상정원의 노출된 평슬래브의 해결에는 최적의 방안이라 생각했다.

목구조 공법은 우수한 단열 성능과 친환경적인 건강한 소재의 장점이 있는 반면에 차음과 긴 경간을 만들기에는 철근콘크리트 구조보다 경제성이 떨어지기 때문이다. 1층은 콘크리트 구조의 주차장과 주방, 식당을 만들어

주진입 도로에 면하게 하였고, 나머지 1층과 2층은 경골목구조로 만들어 역 L자 형태로 배치를 하였다. 남북으로 긴 땅에 배치된 형태는 인접 대지에 이미 지어진 집들과 서로 간의 프라이버시를 침해하지 않는 독립된 마당을 가진 배치가 되었다.

← 하이브리드 구조
콘크리트 구조와 경골목 구조 각각의 장점을 기능에 따라 적용하였다.

이 집의 외장재로 사용된 탄화코르크보드는 영하 180℃에서 영상 120℃까지 변형이 없는 소재이며, 두께 50mm의 열전도율이 0.043W/m²K로 단열재이자 방음, 흡음재이기도 한 100% 천연 소재의 재료이다.

이렇게 외장재를 적용한 것은 천연 재료이자 단열성능이 있어 고단열 주택으로 만들 수 있는 장점이 있기 때문이었다.

공기질을 유지시켜주는 열회수환기장치

집이 완성되고 나서 기밀테스트인 블로어도어 테스트를 하였다. 그 결과 1.3ACH가 나와 패시브까지는 안되지만 수퍼E 수준의 기밀성을 확보하였다. (패시브는 0.6 ACH, 수퍼E는 1.5 ACH / ACH: Air Changes per Hour)

이러한 고단열, 고기밀 주택에서는 열회수 환기장치를 적용하는 것이 에너지의 성능을 더 발휘할 수 있다. 패시브하우스와 수퍼E하우스에서도 열회수 환기장치 설치는 기본으로 적용되어야 한다. 또한, 큰 도로면에 접해 있기에 소음과 매연으로부터 실내 공기질을 유지하기 위해서는 더욱 필요한 장치인 것이다. 이곳에 적용한 열회수환기장치는 유럽형을 적용하였고 시공은 패시브디자이너가 직접 설계, 시공, TAB(Testing, Adjusting, Balancing)까지 하여 최적의 상태를 만들었다. 입주 후 열회수환기장치에 대한 의견을 들었는데, 대단히 만족한 공기질을 확보하고 있고 창문을 열 경우 소음과 매연이 심하여 적용하기를 잘하였다는 말을 듣게 되어 열회수환기장치의 성능을 검증할 수 있었다.

가변형 공간

집의 내부 구성은 3+1인이 사는 집이다. 부부와 아이 그리고 게스트룸이다. 그러기에 1층의 넓은 거실을 가변형 게스트룸을 만들었다. 평상시에는 우리에게 친숙한 한옥의 구성인 좌식형 거실로 사용하다가 필요시 폴딩도어를 달으면 게스트룸으로 사용할 수 있게 만든 것이다.

← 1층 거실
→ 가변적인 거실

공간들을 마당으로 연결하다

1층에는 주방과 식당이 마당으로 연결되고 또한 거실과 게스트룸이 마당으로 연결된다. 1층은 이렇게 공용공간으로 만들어져있으며 마당은 철저히 독립적으로 배치되어 있다. 동쪽 마당은 넓은 데크로 비워져 있다. 언제든지 무언가로 채워질 준비가 되어있는 것이다. 가든 파티, 캠핑, 탁구장, 농구장 등으로 상황에 맞게 즐기고 만들어갈 수 있게 비워진 것이다. 그리고 운중로변의 남쪽 마당은 유실수와 다양한 나무들로 채워져 계절의 변화를 느낄 수 있다.

집안에서 즐기는 클라이밍

2층으로 올라가면 방과 가족실을 만나게 된다. 집의 내부는 놀이와 공부를 자연스럽게 할 수 있는 편리한 집이다. 가족실, 다락 오르는 계단, 아이 방 곳곳에 책을 담을 공간이 마련되어 있고 아무 데서나 걸터앉아 자연스럽게 책을 읽을 수 있게 만들었다. 가족실에서는 두 개의 다락을 볼 수 있는데, 안방 위의 다락과 아이 방의 다락이다. 두 개의 다락은 각각의 기능을 달리한다. 아이 방의 다락은 방과 연결되어 있으며 방 외부의 클라이밍 벽과 연결되기도 한다. 주택에서는 쉽게 볼 수 없는 풍경이다. 이는 집안 곳곳이 놀이터요 자연스럽게 운동이 될 수 있게 한 아빠의 배려이다. 아이에게는 클라이밍 벽이 멋진 놀이터이자 친구들에게 자랑거리이기도 하다. 튼튼하게 자라라는 부모의 배려는 커 가면서 알게 되리라.

→ 1층 마당
독립적으로 배치된 마당은 복잡한 도심 속에서 여유를 즐길 수 있는 공간이 된다.

끊임없는 연구研究

건축주와 미팅이 끝나고 나면 며칠 뒤엔 많은 양의 질문사항과 요청사항이 이메일로 보내져 왔다. 건축주의 직업이 연구원이기에 설계를 진행하면서도 연구의 자세로 임해주어서 한편으론 힘든 부분이 있었지만 진지한 건축을 할 수 있었기에 감사하다. 이 집의 이름이 '생각이 머무는 집, 여유헌餘惟軒'이 된 이유이기도 하다. 여유헌은 지금도 연구 중이다. 온도, 소음, 연료비 등에 에너지에 대한 연구 그리고 편리한 공간들에 대한 테스트가 진행 중이다.

이러한 공간과 환경이 삶의 질을 어떻게 변화하게 하는지에 대한 연구는 이제부터 시작이다. 다양한 시도와 사고의 확장이 담긴 이곳에 건축주 가족의 행복한 삶이 가득 채워지길 기대한다.

↖ 2층 가족실
← 2층 스포츠 클라이밍 벽
→ 여유헌 외관

원여헌 園餘軒

정원을 담은 집

원여헌 園餘軒

"정원에 둘려 싸인 마당 깊은 집에 살고 싶어요"

판교동에 위치한 원여헌은 꽃이 가득한 마당을 가진 집이다. 꽃을 좋아하는 엄마의 마음이 가득 담긴 집이기도 하다.

    4가족이 오순도순 살기 위한 보금자리를 마련하고자 이곳으로 땅을 마련하여 온 가족이 원하는 공간들을 만들게 되었다.

내부로 열린 집

맞벌이 부부여서 집을 많이 비우게 되어 주택의 내부가 노출되는 것이 불편하기에, 적절히 외부에 노출이 되지 않는 방법을 설계에 반영해 달라고 요청하였다. 판교 택지개발지구의 지구단위계획은 이웃과 함께하는 마을을 만드는 것이 기본 취지이다. 그러기에 담을 만들 수 없다. 적절히 외부에 노출되지 않게 디자인하는 방법을 고심 끝에 내부로 열린 집을 만드는 방안을 적용하였다.

→ 마당
마당을 중심으로 에워싸여진 집

마당을 중심으로 에워싼 집을 만들게 되면 담장을 만들지 않아도 적절히 노출되지 않고 엄마가 좋아하는 꽃이 가득한 마당을 만들 수 있게 된다. 이렇게 배치안을 만들어 설명해드리고 충분히 검토를 요청했다.

이웃과 마주하다

그 후 현장에서 배치를 180도 돌리면 어떤가에 대한 의견으로 많은 논의를 하게 되었다. 방위에 대한 부분으로 볼 때 내가 제안한 안이 일조량이 좋아 유리함을 설명해드렸다. 서향도 좋지 않냐는 말과 서측의 조당에 대한 의견이 있어 이를 충분히 설명해드리고 의견을 나눈 뒤 결국 원래 배치안으로 확정하게 되었다. 이 또한 인근의 집과의 관계에서 약간의 문제가 있었음을 알게 되었고 이웃에 대한 소중함과 함께 살아감에 대한 이야기도 나누게 되어, 적절하게 가릴 수 있는 방안을 연구하기로 하였다.

그렇게 설계가 마무리되고 이웃의 벽은 투영되는 치장벽돌 영롱쌓기로 마무리하여 적절히 가리는 디자인 벽을 만들어 완성하게 되었다.

외부로 둘러싸여진 모습이 답답하지 않고 너무 두드러지지 않는 밝은 벽돌 마감을 외장재로 추천하여 마감하게 되었다. 이 밝은 벽돌과 대문의 목재 마감이 잘 어우러지고, 이는 마당의 꽃과 나무들과 일체가 되어 담이 되기도 하고 공간이 되기도 하는 역할을 하게 된다.

→ 담장
치창벽돌 영롱쌓기는 적절히 가리면서 외부를 투영한다.

각자를 위한 열린 공간

남, 여의 자녀를 둔 부부이기에 2층의 가족실을 아이들 공간으로 만들 것을 권하였다. 1층의 공간과 2층의 공간의 분리를 아이들의 독립적인 2층의 영역과 부모의 공간인 1층의 영역으로 구분한 것이다. 또한 안방의 위치가 독립적이고 꽃을 좋아하는 엄마의 마당과 접근을 쉽게 하기 위함이기도 하다. 맞벌이를 하면서 살림을 해야 하는 슈퍼맘의 힐링 할 공간에 대한 배려이기도 하다.

1층에서는 거실, 식당, 주방 모두 중정인 마당을 중심으로 열려있다. 2층의 아이들 방은 각각 독립적인 영역으로 나누어져 있고 딸 방 앞에는 가족실이, 아들 방 앞에는 평상방이 있어 각자에 걸맞은 적절한 공간을 만들게 되었다. 남매이기에 적절히 분리하는 것도 좋고 추후 독립적인 공간을 필요할 시기에 대한 대비이기도 하다.

딸 방의 상부에는 가족실과 연결된 작은 다락이 있다. 이곳은 아직은 비워져있는 곳이지만 이곳에 담을 프로그램은 이제 살면서 채워지게 될 것이다. 비워진 곳은 필요한 것으로 채워짐이 단독주택의 묘미라 생각된다.

적절히 닫혀진 집, 하지만 중정을 중심으로 열려있는 이 집에 이웃과 함께 하는 행복한 마당이 되기를 기대한다.

↙ **1층 거실**
중정을 중심으로 거실과 식당, 주방이 모두 열려있다.

↓ **2층 가족실과 다락**
2층은 아이들의 영역으로 가족실과 연결된 다락은 아이들의 아지트가 된다.

↑↑ 1층 주방   ↑ 마당이 보이는 식사공간

↑ 벽돌과 조화를 이룬 나무 대문

따로 또 같이

듀플렉스 주택

餘賢齋
여현재

지혜를 담은 집

2012년 경기도건축문화상 특별상

여현재 餘賢齋

"이 예산으로 집을 지을 수 있나요?"

여현재餘賢齋는 마당이 있는 단독주택에 살기를 희망하는 당시 40대 초반의 젊은 부부의 집이다. 집합 주택의 불편함은 여러 가지가 있지만 그중 단독주택을 선호하는 이유는 아이들의 맘껏 뛰놀 수 있는 집, 그리고 마당이라 생각된다. 이 부부도 그러한 동기로 단독주택의 꿈을 만들어갔고 그 출발은 요즘 유행하는 땅콩집이었다. 건축주는 땅콩집을 공부하며 남편의 친구인 건축가에게 자문을 구하고 이 건축가는 선배 건축가에게 문의를 하게 되었다. 이러한 인연으로 2명의 건축가의 아이디어가 여현재를 만들게 되었다. 여현재의 주된 이야기는 제한된 건축비로 건강한 나무집을 만드는 것이다.

↓ 독립적인 마당과 데크

제한된 건축비로 집짓기

제한된 건축비로 해결하는 방안은 땅콩집과 같이 2명의 건축주가 공동명의로 집을 짓는 방법과 듀플렉스 주택(다가구형 단독주택)을 지어서 전세를 주는 방법이 있음을 알려 드렸다. 경제학자인 건축주는 후자를 선택하였고 건축주는 거기에 적절한 자금의 계획을 마련하였다. 이제 듀플렉스 주택에 대한 디자인을 어떻게 풀 것인가에 대한 고민을 시작하게 되었다. 대지가 지닌 특징을 최대한 이용하여 작은 마당을 만들고 독립성과 공공성을 함께 고려하였다. 또한 실내의 공간을 좀 특별하게 구성하였는데, ㄷ자형 배치에 왼쪽의 1층의 공간과 오른쪽의 2층의 공간을 주인이 사용하고 반대로 오른쪽 1층 공간과 왼쪽 2층 공간을 세를 주는 일명 크로스형 수직 공간을 가지게 한 것이다.

↓ 크로스형 듀플렉스 주택의 개념

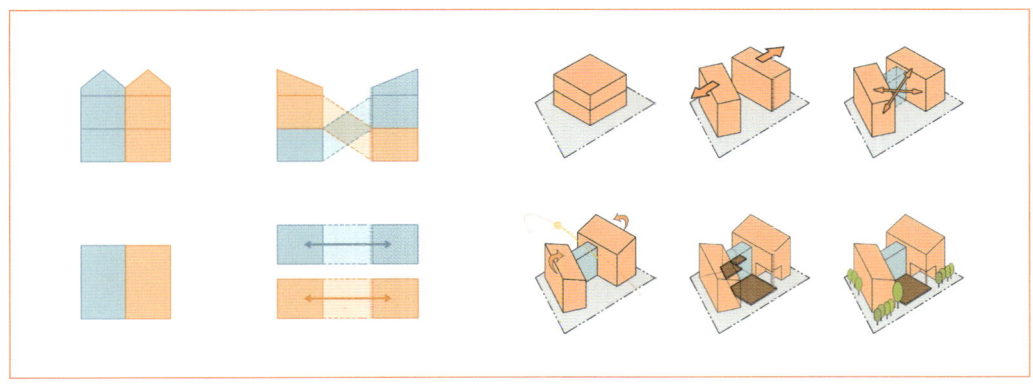

1층의 공간과 2층의 공간을 교차하여 사용하게 함으로써, 사용자는 대지의 전체를 이용하게 되어 확장된 공간감을 만든 것이다. 집이 지어지고 나서 집들이를 하는데 손님들이 지금 이곳이 어디쯤이냐는 질문이 많아서 집의 모형을 만들어서 전해드리고 설명하는 해프닝도 있었다. 이것은 듀플렉스 주택의 협소한 내·외부 공간을 효과적으로 보완할 수 있는 대안으로, 실제 건축주의 거주 후 평가에서도 대단한 만족감을 표현해 주어 감사한 집이다.

↑ ↗ **2층 가족실**
책으로 둘러싸인 서가형 가족실

→ **다락**

작지만 큰 마당

이 집은 북쪽이 주 진입이어서 중앙에 비워진 마당은 실제는 주차장 공간이다. 이 공간이 주차장으로 사용하지 않을 때의 을씨년스러움을 없애기 위해 잔디 블록으로 마감하여 마당으로 느끼게 하였다. 또한 필로티 주차공간도 비 올 때 아이들의 놀이터가 될 수 있도록 계획하였다. 남쪽의 볕이 잘 드는 작은 마당은 주인세대와 세입자세대 각각 독립적 마당을 두어 거실에서 외부공간으로 자연스럽게 이어지게 하였다.

→ 남측 작은 마당

주인세대의 이야기를 빌면 공동주택에 살 때 실내 공기질을 좋게 하게 위해 공기에 좋은 식물들을 사곤 했지만 거의 드라이 플라워가 되어버리는 경우가 다반사였다고 한다. 그러나 이 작은 마당에 재미있는 사건들이 생기기 시작했다. 아이들은 봉숭아물을 들이기 위해 봉숭아 씨앗을 심고 안주인은 꽃나무를 손수 사와서 작은 마당에 심었다는 것이다.

바깥주인은 이러한 변화가 너무나 재미있고 신기한 사건이라 말한다. 이것이 작지만 마당이 주는 힘이라 생각된다.

← 주차장
마당과 놀이터가 되기도 한다.

건강한 나무집

이 집의 건축주는 미국 유학시절 나무집에 살았던 경험이 있다. 그리고 서울서는 공동주택에 살면서 아랫집 주인의 소음에 대한 불편함을 듣고 더 이상 공동주택이 싫고 건강한 나무집의 단독주택을 짓고자 한 것이다. 거기에는 아빠의 비염과 아이들의 아토피 증상이 있는 것도 이유가 된다. 집이 다 지어지고 나서 3달 뒤 아빠의 비염은 없어졌고, 아이들의 아토피 증상도 없어졌다는 행복한 소식을 접할 수 있었다. 나무집의 건강함이 증명된 셈이다.

층간소음이 없는 2층집

크로스형 집이기에 2층 주인세대의 아래층은 세입세대이다. 그러기에 층간소음에 대한 부분도 목조주택에서 해결하여야 할 사항이다. 처음 시공 시 생각보다 소음이 발생하여 다시 천장 부분을 보완하여 해결하였다. 그 해결 방안은 천장에 사운드채널을 추가하여 소음의 선형전달을 점형전달로 바꾸는 것이었다.

↓ 사운드채널

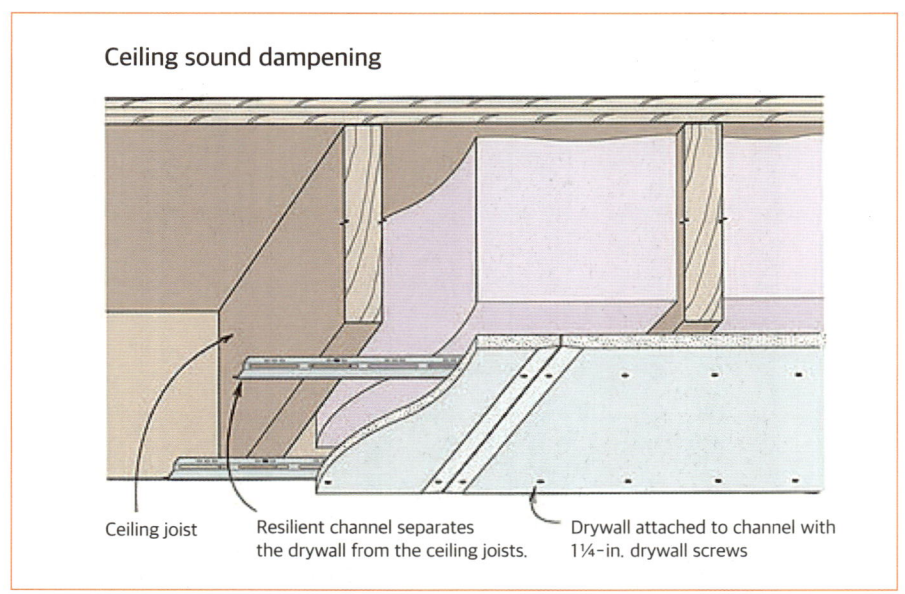

↓ 신문 기사

밖과 안이 모두 나무 방에서 자연을 숨쉰다

건축가 강승희씨가 설계한 경기도 하남시 덕풍동 목조주택 '여현재'. 골조는 물론 외관과 내부 모두 나무를 사용했다. 독립된 두 개의 계단실을 통해 두 가구가 두 개 층을 엇갈리게 사용한다. 주인집이 왼쪽에 보이는 동쪽 1층과 서쪽 2층을 쓰고, 세입자가 서쪽 1층과 동쪽 2층을 사용하는 식이다.

집이 변한다
⟨19⟩

건축가 강승희씨

미국 유학을 하며 신혼 시절을 보낸 대학교수 임준형(44)씨는 지난해 초 "집을 지어보자"는 아내 손미경(41·고교 교사)씨의 '벼락같은' 제안을 받고 고민에 빠졌다. 7년간의 미국 생활을 제외하곤 줄곧 아파트·빌라에서만 살아온 임씨에게 우리나라의 단독주택이란 '외풍이 많이 들고 추운 공간'이란 선입견만 있었다. 이런 남편의 마음을 흔든 건 아내 미경씨의 간곡한 호소였다. "이상하게 아침마다 머리가 아프고 마음도 녹녹하잖아. 당신은 안 그래? 이젠 몸도 마음도 건강하게 살고 싶어."

건축가 강승희(47·노바건축 소장)씨가 지난해 말 경기도 하남시 덕풍동에 설계한 여현재(餘賢齋·지혜가 머무는 집)는 '건강한 삶'을 원하는 부부의 바람을 담은 집이다. 강 소장은 2006년부터 '여유헌' '여현재' 등 목조주택 7~8채를 설계했다. 최근 '여현재'에서 만난 건축가는 "건축주가 미국 유학시절 목조주택에 살면 좋은 기억을 갖고 목구조 주택을 의뢰해왔다"며 "한창 자라는 초등학생 자녀들과 실내 공기에 예민한 부부를 위해 자연 그대로를 집 안에 가

져오는 데 집중했다"고 했다.

이 집의 외곽과 내부는 전부 나무다. 가운데 계단실을 중심으로 두 동으로 나뉜 2층짜리 집을 지탱하는 건 '경골(輕骨)목구조'. 철근 콘크리트로 기둥과 보를 만드는 일반 주택과 달리, 규격 크기의 나무(가문비·소·전나무 등)를 40㎝ 간격으로 촘촘하게 둘러친 뒤 그 사이를 단열재로 채워 골조를 만드는 방식이다. 구조재 바깥쪽은 구조용 합판, 안쪽은 석고보드를 덧대 마무리했다. 내부 계단은 물푸레나무, 2층 가족실 바닥은 자작나무다. 외관은 적삼목으로 주로 마감하되 일부 쪽돌 타일과 회반죽을 써서 투박함을 없앴다. 연면적 238㎡(72평), 공사비는 평당 500만원 정도가 들었다.

강 소장은 "미국이나 유럽은 대부분이 목조주택인 데 비해 우리나라는 전체 주택의 20~30% 정도만 목구조로 만들어진다"고 했다. "'목조주택' 하면 많은 사람이 전통적인 육사나 뽀나무 주택만 떠올려요. 정확히 얘기하면 이런 주택들은 목조주택의 한 종류인 거지, 전부가 아니거든요." 그는 "'화재에 취약하다' '튼튼하지 않다' '썩기 쉽다'는 것도 목조주택에 대한 편견이자 오해"라고 했다. "내·외부를 불연재로 단단하게 마감하기 때문에 내화(耐火)성이 강합니다. 또 방습처리와 레인스크린(비를 받아 배수하는 시설) 등을 철저히 시공해 쉽게 부패하지도 않아요." 실제 이 집은 투박 닮은 뒤 주택의 바닥을 담으로부터 약 20㎝ 띄워 습기로부터 보호했고, 외장재 밑에 방충망을 달

아 벌레의 침입을 막았다.

강승희씨의 하남 덕풍동 여현재
외관·내부·기둥까지 모두 나무로
내화·방습 완벽히, 목조 단점 극복
2개동 1·2층을 서로 엇갈려 연결
비염 싹, 애들 아토피도 없어졌죠

▲▲서쪽 동 2층에 있는 주인집 가족실. 교수·교사인 건축주 부부의 요청대로 벽면을 자작나무 합판 책장으로 짰다.
▲동쪽 동 1층에 있는 주인집 거실. 평범해 보이지만 골조는 전부 목조다.

겉에서 보면 큰 단독주택 같지만 사실은 두 집이 사는 다가구주택. 예산이 많지 않은 탓에 건축주는 건물 중 일부를 세주기를 원했고, 건축가는 집을 두 동으로 쪼갠 뒤 1층과 2층을 엇갈리게 크로스 배치하는 재치를 발휘했다. 임씨 가족은 동쪽 1층과 서쪽 2층을, 세입자 가족이 서쪽 1층과 동쪽 2층을 쓴다. 강 소장은 "벽으로 막아줘 두 집이 각자 사용하는 계단실을 가운데 두고 공간을 엇갈리게 연결해 수직으로 1·2층을 쓸 때보다 훨씬 넓은 공간감을 주려고 했다"고 했다. 임씨 역시 "집 전체를 쓰는 느낌대라 동서남북 고른 조망도 누리게 됐다"고도 했다.

목재, 친환경 접착제 등 최대한 자연적인 것을 활용했기 때문에 콘크리트나 MDF합판 접착제 등이 내뿜는 독소가 거의 없다고 강 소장은 덧붙였다. 건축주 임씨는 "덕분에 30여년간 고생하던 비염이 거짓말처럼 나았고, 딸 다연(10)·서연(7)이의 가벼운 아토피 증상도 호전됐다"고 했다. "몇 년 후 부모님을 이곳으로 모셔올 생각인데 지금 이사 날짜만 손꼽아 기다리세요. 개인적으로는 아파트보다 자연에 한층 가까워진 것 같아 무척 기쁩니다." 밤이니 자리를 옮긴 임씨가 한가운데 놓인 야외 테이블을 가리키며 말했다. 닿아나가 마당에 앉은 주위 테이블 위에 얹어놓은 울퉁불퉁한 돌에는 글자 두 개가 선명하게 빛나고 있었다. '사, 랑.'

박세미 기자 runs@chosun.com

지혜智慧

이 집은 지혜로운 집이다. 경제적인 부담을 지혜롭게 해결한 것이다. 땅콩집의 공동 소유에서 단독 소유로 하고 임대를 하는 방식으로 은행의 대출 기간과 임대의 시기를 잘 맞추어 경제적인 부담을 해결한 지혜로운 집이다.

지혜를 담은 집이기에 2층 가족실에는 책으로 가득한 벽이 있다. 이곳에서 두 자녀와 함께 지혜로움을 더 풍부하게 만드리라 생각된다.

2세대 다가구형 단독주택인 여현재는 도시에 단독주택을 짓고 살기를 꿈꾸는 모든 이들에게 제한된 건축비로 양호한 외부환경과 양질의 실내공간을 가질 수 있는 주거의 현실적인 대안이 될 수 있으리라 생각한다.

↓ 거실

餘韻齋
여운재

그러하기에 그러한 집

여운재 餘韻齋

"마당이 있는 단독주택에 살고 싶어요"

여운재는 단독주택을 희망하는 50대 부부의 집이다.

삶에 맞는 땅 찾기

처음 연락을 받고 땅을 함께 보러 갔었다. 양평의 어느 작은 마을을 개인이 개발하여 한 채, 두 채 짓고 있는 곳이었다.

마스터플랜에 의해 체계적으로 지어지는 것이 아님을 금방 알 수 있었고 전체가 지어졌을 때 마을 전체의 느낌이 썩 좋아 보이지 않았다. 분양 금액 또한 그 가치에 비에 너무 높게 책정되어 있었기에 다른 땅을 찾아보는 것을 권해드렸다. 그리고 두 분 다 교육자이시기에 통학을 할 수 있는 물리적인 거리와 아파트에 익숙한 삶에서 단독으로 옮기는 준비가 필요하다 말씀드리고 가급적 수도권의 땅을 구입하기를 권해드렸다.

그리고 1달 뒤, 땅을 샀으니 집을 지어달라고 해서 어디인가 확인해보니 필자가 설계한 여현재의 옆 땅이었다. 묘한 인연이다.

여현재를 설계와 감리를 할 때 수도 없이 가본 땅이어서 대지의 특성을 파악하기에 익숙한 땅이다. 이곳도 함께할 이웃을 고려한 듀플렉스 하우스를 제안하여 땅의 특성을 고려한 독립적인 집을 생각하게 되었다.

각자 마당이 있는 집. 그리고 오랫동안 어울려 함께 살 수 있는 집을 구상하였다. 세입자의 집도 독립적으로 만들어 서로 편안한 삶을 유지할 수 있는 구상이 중요한 점이다. 그래서 건축주가 희망하는 '그러하기에 그러한 집'이 되는 것인가 보다.

← 여운재 대지

입식과 좌식 공간이 함께 있는 거실

아들들이 다 성장하였고 외국 생활을 하기에 방은 만들되, 필요시 서재로 사용하기도 하는 방으로 구상하였다. 그래서 3개의 방을 만들고 1층에는 독특한 프로그램을 적용하였다.

남편은 커피를 좋아하여 로스팅을 배워 커피를 만들어 마실 수 있는 공간이 필요하고, 부인은 독서를 지도하거나 함께 책을 읽고 이야기를 나눌 수 있는 나눔의 공간이 필요한 것이다. 그냥 거실이 아닌 두 분의 생활과 생각을 담을 수 있는 공간을 만들어야 했다.

그렇게 1층의 공간은 주방과 식당, 커피를 마실 수 있는 입식 공간, 차를 마시고 담소를 나눌 수 있는 좌식 공간을 두어 그 사이에 미닫이문(슬라이딩 도어)을 만들어 벽 속에 숨길 수 있는 구조를 생각하였다. 열어두면 단 차이가 나는 넓은 거실 공간이 되고, 닫게 되면 두 가지 기능을 하게 되는 공간으로 분리가 된다. 좌식의 공간은 필요시 손님 방으로도 사용할 수 있게 화장실과 욕실을 좌식 공간에 인접하게 두었다. 입식 공간과 좌식 공간이 함께 있는 거실은 이렇게 2가지 이상의 공간으로 활용될 수 있어 부부의 취미를 담을 수 있는 공간으로 만들어졌다.

↑ 입식과 좌식의 거실

임대세대와 주인세대, 각자의 ㅁ·당

입식의 공간인 바에서는 외부 가당과 연결되는 거실 창이 있고 그곳은 데크와 작은 정원이 있어 단독주택의 풍부함을 담을 수 있게 하였다. 또한, 임대세대에서도 독립된 마당이 있고 2층 주인세대에서 외부로 연결된 창의 방향을 조정하여 세입세대의 마당의 프라이버시를 확보할 수 있도록 하였다.

↓ 주인세대 독립마당

↓ 임대세대 독립마당

건축주의 부재

이렇게 설계가 완성된 집을 공사하는데, 건축주는 연구 년이어서 공사기간 동안 해외로 가야 하는 상황이어서 내게 권한과 책임을 다 주고 가셨다. 설계대로 건축주의 간섭 없이 진행할 수 있다는 즐거움은 곧 두려움으로 바뀌었다. 집을 지으면서 감리와 감독을 한꺼번에 진행하였는데 매번 공사의 과정을 메일과 SNS로 알려드리고 결정사항 또한 그렇게 진행하다 보니 흥이 나지 않았다. 집이 지어지는 과정에 함께 이해하고 설명하는 과정이 없으니 편한 것이 아니라 오히려 완성된 결과만을 보게 될 건축주께 숙제 검사받는 느낌이어서 시간이 갈수록 두려움으로 변해갔다.

건축주와 집의 첫 대면식

가전제품까지 선정하여 모든 것이 완성되었다. 준공검사도 완료되었고 세입자도 인근의 세입자보다 높은 금액으로 입주를 하게 되었기에 즐거운 마무리가 되었는데, 이제 한 가지 건축주의 숙제 검사가 남은 것이다. 연구 년을 모두 마치고 돌아오신 건축주는 공항에서 바로 새로 지어진 집으로 오셨다. 지어지는 과정을 메일과 SNS로만 보다가 실물을 보니 생경한 느낌도 들 것이다.

두근두근한 맘으로 건축주를 맞이하였고 결과는 다행히 만족하는 집이 되어 시공자와 나는 깊은 안도의 한숨을 내쉬었다.

건축주, 시공자, 설계자의 삼박자가 잘 맞아야 근사한 집이 만들어진다는 말은 정말 정설이다. 모든 것을 다 맘대로 하는 것도 좋지만은 않은 것이다. 집과 친숙해지는 시간이 지나면서 들려오는 이야기는 "아~ 이런 공간이 이래서 이렇게 된 거구나"라는 말을 들었다. 공사 과정에 함께하였다면 이미 알만한 것인데 뒤늦게 알게 됨도 다행이고 감사드린다.

↗ 임대세대 거실
→ 주인세대 다락

↓ 다락 계단 책장

공존共存

이러한 과정으로 설계부터 준공까지 그리고 입주자 선정까지 모두 해본 것은 처음이었다. 힘든 부분도 많이 있었지만, 시공사와 좀 더 건축주의 입장에서 생각해 볼 수 있는 기회가 되어 또 다른 경험과 공부가 되었다.

작은 마당에 나눔의 공간과 카페와 차를 마실 수 있는 한식 공간이 공존하는 곳에서 두 분의 삶이 더욱더 여유로워지기를 기대한다.

그러하기에 그러하기를…

↓ 여운재

餘因齋
여인재

인연을 담은 집

여인재 餘因齋

"저희 두 가족은 함께 살고 싶어요"

성남시 분당구 운중동 택지개발지구에 있는 단독필지에 건축주가 4명인 집의 의뢰가 들어왔다. 이 4분의 건축주는 두 쌍의 부부이다. 그러기에 흔히 이야기하는 땅콩집인 듀플렉스 하우스를 염두에 두고 연락이 왔다.

함께 살고 싶은 겹사돈 부부

두 부부의 인연은 남매이자 시동생이 되고 형부가 되는 가족이 함께 어울려 사는 집이다. 오빠의 부부와 여동생의 부부가 사는 집인데 남동생의 부인이 매형의 여동생이고 여동생의 남편이 시 언니의 동생인 겹사돈이다. 정말 독특한 가족관계이기에 이 집 또한 독특한 마당을 가지게 되었다. 두 가정 모두 미취학 남자아이가 두 명씩 있었다. 지금은 형집에 아이가 하나 더 늘어 남자아이들이 5명이 되었다.

크로스형 듀플렉스집

남쪽에 도로를 면한 작은 땅에 두 가족이 공평하게 집을 소유하는 방법과 아이들이 어리기에 안전하게 함께 놀 수 있고 서로 간의 프라이버시는 지킬 수 있는 그런 집을 고민하게 되었다.

그래서 작지만, 중정을 만들고 그 중정을 중심으로 크로스형 듀플렉스집을 제안하게 되었다. 작은 마당을 두 가족이 함께 공유하는 마당이 되고 아이들이 안전하게 놀 수 있는 공간이 되기도 하는 것이다.

← 여인재 중정

한 지붕, 다른 공간

그리고 공평하게 집을 가질 수 있는 평면을 구성할 수 있다. 즉 동측의 1층과 서측의 2층을 한 세대가 사용하고 반대로 서측의 1층과 동측의 2층을 한 세대가 사용하는 것이다.

이렇게 제안을 하고 두 가족이 합의해서 정하게 하였고 모든 결정은 4명의 건축주의 합의에 의해 결정되는 매우 합리적인 가족이기에 즐겁게 진행될 수 있었다. 이 집이 완성되기 전에 형님 집인 아파트가 먼저 나가게 되어 동생 집에서 모든 식구가 북적거리면서 살았다고 한다.

두 집의 모든 기준은 같았다. 단지 안주인의 성향에 따라 주방의 시스템은 조금 다르게 설계되었고 안방의 화장실도 사용자에 맞게 조정되었다. 두 집 모두 1층의 평면 개념은 동일하게 LDK로 되어있고 거실부분만 필요시 방으로 바뀔 수 있게 슬라이딩 도어를 설치하여 평상시에는 벽의 일부처럼 보이게 열어 놓았다가 필요시 닫게 되면 방으로 바뀌는 구성을 하였다. 손님이 올 경우를 대비한 게스트룸으로도 사용이 가능하게 만든 것이다.

↑ 가변적 거실　↗ 다락

↑ 2층과 다락

↑ 중정과 계단

두 가족 만남의 장소, 중정

1층은 주방, 식당과 거실 그리고 그 사이의 중정이 있는 구조이기에 중정의 문을 열어두면 두 집을 자유롭게 오갈 수 있게 된다. 가족이기에 굳이 대문에서 대문으로 다니지 않고 바로 중정을 통해 교류가 가능한 구조로 만든 것이다.

아이들은 신이 났다. 형집으로 바로 가기도 하고 동생과 놀러 가기도 하고 바로바로 이동이 가능한 것이다. 아이들이 시간에 구애 없이 너무나 이용 빈도가 많게 되어 두 엄마는 중정을 이용하는 시간대를 정해놓기도 하였다고 한다.

이렇게 작은 중정은 이 집의 중요한 역할을 하게 되고 인연을 더욱 돈독하게 만드는 공간이 되었다.

↓ 중정

인연因緣

인연을 담은 집, 여인재는 이렇게 서로의 인연을 소중하게 생각하고 함께 행복을 차곡차곡 쌓아가고 있다.

← 작은 앞마당

↑ 앞마당에서 뛰어노는 아이들

餘與軒
여여헌

더불어 함께 사는 집

여여헌 餘與軒

"마을 사람들과 함께 어울러 살고 싶어요"

여여헌은 용인시 수지구 고기동에 소재한 물안마을 주택단지에 설계된 목조주택이다.

따뜻하고 건강한 목조주택

이 가족은 단독주택을 짓기 전 인근의 목조 주택에 전세로 살면서 단독주택의 삶을 익혀가고 있었다. 그런데 전세로 있는 목조주택에 문제점이 많이 있었다. 겨울철 너무 추워온 가족이 한방에 모여 잠을 자야 했고, 또한 결로에 의한 검은 곰팡이가 생겨 난방비와 건강에 문제가 생겼다.

그래서 "목조주택은 원래 이렇게 춥고 문제가 있는 집이 아닐까?"하는 고민이 있었다.

그럼에도 단독주택을 지으려는 이유는 이들 가족에게 중요한 의미가 있었다. 나누고 베풀면서 이웃과 함께 살 수 있는 집을 지으려는 것이다. 그래서 마을을 찾아 땅을 구하게 되었고, 이제 따뜻하고 건강한 목조주택을 지으면 된다.

목조주택은 나무를 주요 구조재로 하는 집이다. 그러기에 나무의 물성에 대한 이해와 거기에 적합한 디테일이 적용될 때 비로소 건강하고 따뜻한 집이 될 수 있다.

↗ 1층 거실
→ 2층 가족실

두 가족 간의 나눔

첫 번째 나눔은 동생과 함께 사는 것이다. 양가 부모님의 만류에도 불구하고 결혼 전부터 함께 살았기에 갓 결혼한 신혼부부인 동생과 함께 사는 것이 문제가 되지 않았다. 2세대가 각자의 프라이버시를 지키면서 함께 살 수 있는 계획이 필요하였고 이는 대지의 경사를 이용하여 따로 또 같이할 방법으로 해결하였다.

높이 차이가 있는 대지는 2면의 도로에 접해 있어 하부에는 형님 가족의 주차장과 출입구가 있고 상부에는 동생 가족의 주차장과 출입구를 두어 진입하게 하였다. 이렇게 진입하는 두 세대는 필로티에서 만나게 되고 각자의 집으로 들어가게 된다. 필로티는 앞마당과 뒷마당을 연결하는 통로이기도 하다.

마을 사람들과의 나눔

대문을 지나 계단을 오르면 넓은 마당에 이르게 된다. 거실에서 마당 끝까지 이어진 데크의 크기는 6m×11m로 제법 큰 데크로 계획하였다. 이것이 두 번째 나눔이다.

데크의 일부에 작은 수영장을 만들어 여름에는 동네 아이들의 수영장이 된다. 가을이 되면 수영장의 뚜껑을 덮어 다시 넓은 데크로 사용하면서 옆 파고라와 함께 가든 파티를 즐길 수 있는 외부공간으로 바뀌게 된다. 이러한 공간들은 모두 함께 나누기 위한 장소이고 열린 공간이다.

→ **마당에서 바라본 출입구**
필로티에서 각자의 집으로 들어간다.

더 나은 미래를 위한 나눔

건축주가 우려했던 따뜻하고 건강한 집은 고단열재를 적용하고 가변형 기밀막을 설치하여 습기와 단열에 대한 문제점을 해결하였다.

또한 난방 및 온수 사용을 위한 지열 보일러와 전기발전을 의한 태양광 시스템을 적용하여 신재생에너지를 적극적으로 활용한 화석연료를 사용하지 않는 친환경 주택으로 만들었다. 이것이 세 번째 나눔이다.

잠시 머물렀다가는 지구촌을 미래의 후손들에게 덜 훼손하여 남겨주려는 배려이다. 이렇게 함께 어울려 사는 여여헌에는 아이들의 웃음소리가 끊이지 않는다. 나눔을 담은 집이기에 행복하고 이를 실천하기에 아름답다.

← 수영장 데크 ↑ 가변형 ㄱ 밀각

마을이 한눈에 내려다보이는 풍경 속에서
아이들이 함께 수영을 하며 놀고있다.

비하인드 스토리 : 삼거리방앗간

원래는 네 번째 나눔이 있었다. 물안마을의 공동체를 함께할 장소를 만드는 것이었다. 삼거리방앗간이라는 이름도 지었고 설계를 완성하고 건축 허가도 득하였다. 이곳은 대지의 경사를 이용한 지하 같지 않은 지하를 만들어 마을 주민들과 함께하는 마을공동체 공간이다. 아이들을 위한 도서관이 되기도 하고, 주민들이 함께 모여 회의하는 장소가 되기도 하고, 함께 어우러져 축제를 할 수 있는 공간이 되기도 하는 장소를 만들었었다.

이렇게 계획되어 만들어진 집을 마을 어르신에게 알려드리고 집을 지으려 하였다. 마을 회장님께 신축할 집에 대한 내용을 말씀드린 결과, 상업시설은 짓지 말라는 것이다. 외부인이 마을에 들어오면 집값이 떨어지고 문제가 생긴다는 이해 못 할 논리를 듣고 건축주는 고심에 빠지게 되었다.

↓ 수영장

결국 마을에 공동체를 만들어 함께 어울려 살고 싶은 것인데 마을 주민들이 싫어한다면 그 장소가 무슨 소용이 있겠냐는 결론에, 과감히 설계 변경을 하게 되었다. 지금도 삼거리방앗간 이야기를 가끔 하곤 한다. 작은 수영장은 삼거리방앗간 대신 탄생한 나눔의 공간이다.

공생共生

그러기에 이 집은 그저 마을 사람들과 소통하고 싶고, 공동체를 이루어 오손도손 살고 싶었지만 현실은 그렇게 낭만적이지만은 않음을 알게 해주었고, 그 꿈은 아이들이 자라면서 함께 나눌 수 있는 수영장과 동생과 함께 살면서 지속하고 있다.

더불어 함께 사는 집, 여여헌은 이렇게 만들어졌다.

↓ 데크

餘睦軒 여목헌

화목함을 담은 집

여목헌 餘睦軒

"동생하고 목조주택에 살고 싶어요"

여목헌餘睦軒은 두 남매의 가족이 사는 집이다. 설계 당시에도 같은 아파트 단지에 살면서 왕래가 잦은 가족이다. 누나네는 성인이 된 아들과 딸이 있고, 동생네는 곧 초등학교 입학할 쌍둥이 남형제가 있는 두 가족이 함께 살 집이다.

건축주 남매는 한 대지 두 건물을 원했지만 대지 여건과 공사비 증가 그리고 건축물의 효율을 고려하여 듀플렉스Duplex 주택을 제안하였다.

한 지붕 아래 두 가족

인천시 남동구 택지개발사업 지구에 위치한 대지로 북측 도로에서 진입하며, 동서 방향으로 경사진 대지이다. 누나네 집은 작고 오밀조밀한 공간을 원하였다. 두 자녀 모두 성인이며, 부부 또한 큰 공간이 필요하지 않기에, 가능한 규모를 줄이고자 하였다. 한창 크고 놀 시간이 많은 쌍둥이가 있는 동생네는 아이들이 뛰어놀기 좋고 트인 공간을 원하였다. 이러한 조건들을 기준으로 여러 차례 협의와 합의를 거쳐 설계가 진행되었다.

그 결과 한 건물에 두 세대가 거주하면서, 서로의 영역을 존중하고 마당, 2층 데크 등의 공용공간을 함께 공유할 수 있도록 설계되었다

고단열 고기밀 나무집

설계가 진행되던 중 캐나다우드의 Super-E 데모 프로젝트로 경제적 지원을 받을 수 있는 좋은 기회를 얻게 되어 고단열 고기밀의 건강한 Super-E 주택에 대해 건축주에게 설명을 드리고 설계를 진행하였다.

↑↑ 누나네 1층 거실   ↑ 누나네 계단 수납장

↑↑ 동생네 1층 주방·식당   ↑ 동생네 다락 계단

↑↑ 동생네 다락　　　↑ 2층 공용 데크

↓ 공용 마당 데크

Super-E House

Super-E House는 캐나다의 에너지 고효율 친환경 주택 건설 프로그램으로 주택의 설계, 시공, 환기시스템 및 밸런싱, 감리, 성능시험의 요건을 포함하여 주택성능을 향상하기 위한 프로그램이다. 캐나다에서는 'R2000'이란 명칭을 사용하고 있으며, 캐나다 이외의 해외 기후조건에 적용한 프로그램을 'Super-E'라 명명하였다. Super-E에서 중요시 하는 5가지 항목이 있다.

이는 에너지효율, 쾌적성, 높은 품질과 내구성, 실내 공기질, 환경에 대한 책임으로 이 모든 부분에 대해 일정 수준이 충족되었을 때 인증을 받을 수 있다.

구조는 캐나다의 목구조기술을 바탕으로 국내 구조 기준을 충족하도록 하였다.

구조설계에 적용된 자재는 기본적으로 캐나다 산 SPF 구조목과 OSB 구조용 합판이며, 구조보강을 위해 PSL을 적용하였다. 접합철물의 경우 캐나다에서 흔히 사용되는 철물이 국내에 없는 경우가 많아 캐나다식 목구조를 그대로 활용하기에 무리가 있었으나, 가능한 국내에서 주로 활용되는 기성 철물에 맞추어 조정하였으며, 그럼에도 국내 수급이 어려운 철물의 경우 직접 제작을 하였다.

전단벽Shear-wall에 대해서도 각 부위에 따라 계획을 세분화하였다. 못의 크기와 합판의 두께, 스터드 두께는 동일하나 층에 따라 사용되는 홀드다운 Hold-Down의 사양을 달리 적용하였으며, 내외부에 따라 스터드의 폭을 조정하였다.

그리고 가능한 보편적인 구조재를 사용하기 위해 바닥장선을 I-Joist가 아닌 SPF 구조목 2″×10″을 기본으로 하였다. 이에 따라 장선의 형태와 천장의 높이가 조정되었다.

↑ Super-E House 인증 & 5 Star 품질 인증 ↓ SPF 구조목 2"x10" 바닥 장선

중판내력벽Mid-Ply Wall

여목헌에는 목구조 내진 성능 강화를 위해 국내에서는 아직 생소한 중판내력벽Mid-Ply Wall; MPW을 적용하였다. MPW은 캐나다에서 개발된 경골목구조의 내진 성능 향상을 위한 벽구조이다. 기존 SPF 2″×4″ 경골목구조 벽체의 중앙에 구조용 판재Sheathing를 추가하여 못 접합부의 수평 하중을 분산시키는 역할을 한다.

여목헌에서는 구조와 기계 설비, 환기 장치 등을 고려하여 네 개의 벽을 MPW로 적용하였다.

↓ 중판내력벽

패널라이징 Panelizing

여목헌은 공장에서 구조용 벽을 패널로 생산하여 현장에서 조립하는 공업화 형식의 '패널라이징Panelizing' 공법을 적용하였다. 각 패널의 구조 내력, 건축물의 연결 부위Joint, 운반 크기, 연결 방법 등을 고려하여 제작 도면Shop Drawing을 작성하고, 이를 바탕으로 공장 제작을 하였다. 공장에서 사전 제작되기 때문에 기후와 현장 여건에 구애받지 않으며, 현장 결합 기간이 상당히 짧아 현장 관리 및 기후 대비 등에 유리한 공법이다.

↓ 현장에서 조립하는 패널라이징 공법

단열 계획

여목헌의 단열 성능은 기본적으로 건축물의 에너지절약 설계 기준을 상회하며, Super-E의 성능 경로 기준에 충족하는 것을 목표로 하였다. 외벽 중단열은 밀도가 높으며, 기밀 성능을 극대화하기 위해 수성경질폼을 적용하였으며, Super-E 기준을 위해 외부에 압출법 보온판 단열재를 추가하였다. 지붕도 기밀성능 강화를 위해 수성경질폼을 적용하였다. 바닥은 압출법 보온판를 적용하였다. 외벽과 지붕, 바닥의 단열 연결이 끊어지지 않도록 단열라인 계획을 하였으며, 모든 부분이 Super-E의 성능 경로를 충족하였다.

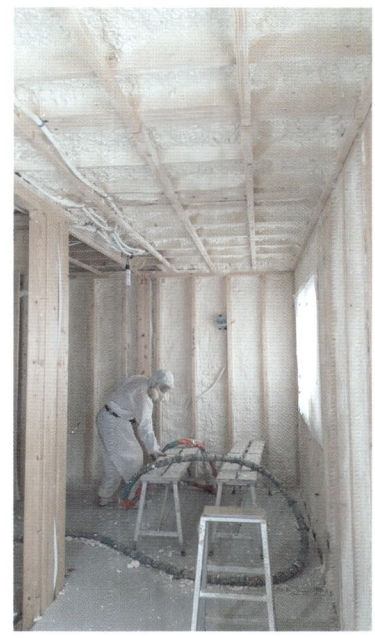

→ 수성경질폼을 이용한 내단열
↓ 압출법 보온판을 이용한 외단열

기밀 계획

기밀은 크게 두 가지로 계획하였다. 첫 번째는 투습방수지와 가변형 기밀막을 활용한 벽체 기밀막 형성이다. 구조용 합판의 이음부위 기밀테이핑 작업을 한 뒤 투습방수지를 모두 감싸고, 각 이음부를 테이핑하는 2중 기밀을 하였다. 내벽의 경우 두 집이 맞닿는 세대간 벽의 기밀이 중요하다. 세대간 벽 양면에 가변형 기밀막을 부착하고, 수직으로 벽체가 맞닿을 시 벽체 시공 전 투습방습지의 일부를 사전 부착하도록 계획하였다. 두 번째는 수성경질폼을 이용한 기밀이다. 앞서 말한 것과 같이 폼 계열 단열재가 가지는 밀폐의 장점을 살려 외벽과 지붕의 단열을 수성경질폼으로 적용하였다. 또한 외부 압출법 보온판을 2겹 겹침시공하여 수성경질폼으로 기밀막을 기본적으로 하면서도 합판과 투습방수지, 외단열에 이르기까지 각 단계에서도 기밀 성능이 유지될 수 있도록 하였다.

건축 물리 Building Science

여목헌은 20년 가까이 목구조를 공부하고 반영한 내용들이 집대성된 주택이다. 건축 물리의 내용에 맞게 고단열, 고기밀, 고효율의 건강한 목조주택으로 구축하는 방식은 공업화 방식을 이용한 대량의 건강한 주택을 공급할 수 있는 가능성이 확인된 사례이기도 하다.

미래 건설 자재로 남을 수 있는 유일한 재료는 나무라 생각한다. 대표적인 구조의 콘크리트와 철골은 점점 원자재가 고갈될 것이며, 토양, 햇빛, 물만 있으면 자라나는 나무가 유일한 재료가 될 것이다.

그렇다면 나무의 성질을 잘 알고 이를 잘 반영한 설계와 시공이 되어야 한다. 그것이 건축 물리이다.

건강한 집은 건축 물리가 반영되고 그 집에 거주할 분들의 생활 방식 Life Style 과 환경에 대한 고민까지 반영된 집이 되어야 한다. 여목헌은 그러한 집이다.

목구조의 공학적 검토 및 고단열, 고기밀의 에너지 문제 그리고 천연 재료가 지닌 건강한 재료로 구축된 집이다.

화목 和睦

이 집에 입주한 지 이제 6달 두 가족들의 의견을 들어 보았다. 따뜻하고 건강한 집을 만들어 주어서 감사하고 만족한다고 하신다.

이제 시작이다. 1년, 2년…, 시간이 지날수록 이 집이 지닌 가치가 더 확인되리라 기대한다.

← 구조용 합판의 이음 부위 기밀 테이프 시공

↓ 여목헌 전경

함께 살아요

공동체마을

10년만에 지은 집

두포리 3재

두포리 3재

"일곱가족이 함께 어울려
아이들의 웃음소리와 함께 살고 싶어요"

2002년 겨울, 평화를 품은 집 집장님께 연락이 왔다. 7가족이 함께 어울려 살기 위해 준비 중이라는 연락을 받았다. 공동체마을을 만들고자 하신다.

일곱 가족의 인연

이미 7가족의 부인들은 어린이와 함께할 프로그램을 계획하고 공부 중이었다. 도자기공예, 짚풀공예, 목공예, 비누공예, 한지공예, 매듭공예, 염색공예 이렇게 각각의 분야를 연구하고 배우고 아이들과 함께 실천하고 있었다. 꿈꾸는 교실이라는 작은 마을도서관에서 함께 만났고 아이들과 함께 문화체험에 대한 것을 실천하고 준비하고 있었다.

그분들 중에는 전직 교사 분도 계셨고 어린이책 출판사에 근무하시는 분도 계셨다. 7가족 모두 현 제도권 교육의 문제점을 서로 인지하고 있어 뜻을 함께 모아 공동체를 만들어가려 하는 것이다. 이러한 뜻을 공유하기 위해 모꼬지도 참여하고 이분들의 프로그램도 함께 참여하여 공동체를 느끼는 시간을 가졌다.

그 와중에 나는 아이들을 대상으로 하는 어린이 건축교실도 지도해 보았고 그분들이 진정 아이들의 눈높이에서 함께하고 있음을 알 수 있었다.

↑ 두포리 도서관에서의 강연

두포리 마을의 마스터플랜

함께하는 시간이 많아지다 보니 자연스럽게 7가족의 생각과 마을을 만들려고 하는 의지를 알게 되었고 대상지 선정에도 함께 가서 의견을 드리기도 하였다.

    드디어 대상지를 선정하였다. 함께 나눔이 있는 마을이기에 나도 함께할 건축가를 찾아보았다. 농촌 집짓기에 함께 참여했던 건축가 2분께 이러한 이야기를 전하고 마스터플랜부터 함께 함에 동의를 얻었다.

    구가건축의 조정구 선생, 한양대 교수이신 이에오건축의 임지택 선생과 3명이 함께 이 마을을 만들어가기로 하였다.

마스터플랜도 3가지를 마련하여 각각 설명하였고, 그중 하나의 마스터플랜이 선정되어 그 마스터플랜을 가지고 3명이 나누어 작업을 시작하였다. 건축가의 선정도 자유롭게 하였는데, 다행히 모두 만족하는 건축가 선정이 되었다.

정말 일이 재미있고 순조롭게 진행되어 최종 계획안이 완성되어 단지 전체를 1/50의 스케일로 모형을 만들어 7가족을 초대하여 설명하는 시간도 가졌다.

↑ **두포리 문화마을 마스터플랜 모형**
세 명의 건축가와 일곱 가족이 계획한 초기 계획 모형

→ **두포리 3재 모형**
최종적으로 지어진 3채의 모형

마을 안 텃밭과 정자

이렇게 두포리 어린이 문화마을이 만들어질 준비가 되었다.

대지가 선정되고 우선한 작업은 7가족이 비어있는 대지(임야)에 텃밭을 만들고 봄이 되면 야생초와 야생화 등의 자연을 관찰하는 프로그램도 마련하여 어린이들과 함께하기도 하였다. 매 주말마다 텃밭 가꾸는 일에 열심히 한 터라 함께 식사를 하고 농기구를 보관하는 등의 작은 장소가 필요하다 하여 농촌 집짓기 운동에 참여했던 학생들과 작은 정자를 만들었다. 이름하여 연마루이다. 이는 이 마을을 연다고 하여 연마루라고 지어졌다. 그리고 현판을 걸었다. "두포리 문화마을"

이제 마을이 만들어지게 되었고 공동체마을을 이루기 위해 오랜 시간 동안 준비한 7가족이 너무나 대단하다 생각되었다.

불시에 찾아온 위기

그런데 위기가 오게 되었다. 7가족 모두 경제적으로 넉넉한 것이 아니었기에 현재 보유한 아파트를 매각 후 두포리 문화마을로 오는 계획 있었는데, 급격히 오른 아파트 값이 갑자기 폭락을 하게 된 것이다. 이러한 이유 등이 공동체마을의 건립에 문제가 되었다. 오랫동안 뜻을 같이하고 준비한 공동체마을에 위기가 온 것이다.

모든 것이 원점으로 돌아가고 그 뜻을 이루기에는 경제적인 부분이 문제가 되었다. 이 일을 추진한 추진위원장이었던 집장님은 제주의 4·3공원 옆 땅에 평화도서관을 만들고, 작지만 그 뜻을 이어가려 하여 나와 함께 그 장소를 가 보았다. 내가 본 땅의 위치는 정말 좋았지만, 그 공간을 연출하기에는 너무나 협소한 곳이기에 좀 더 생각해 보기로 하였다.

2채의 집, 그리고 도서관

그렇게 허망한 시간이 흘러갔고, 시간이 지나면서 스스로 정리된 것은 두 가족의 땅을 3개로 나누어서 2채의 집과 평화도서관을 짓는 것으로 정리되었다.

이 땅은 보전관리 지역이어서 건폐율이 20% 용적률이 100%인 땅이기에 건축에 제약도 많이 있었다. 그 제약 속에서 최소한의 주택 2채를 짓고 공공의 평화도서관을 짓는 것이었다. 이렇게 많은 이야기 속에 10년만에 지어지게 된 것이 두포리의 2채의 주택과 평화도서관이 되었다.

처음 집 이름은 아이들의 이름을 딴 '소라네 집', '동렬이네 집'이었다. 지금도 마찬가지로 집 이름이 그렇게 불리고 있지만, 벌써 이 아이들이 성장하여 결혼을 하였다. 10년이 넘는 세월이 그렇게 된 것이다.

← 연마루
현재 도서관 앞에 있는 연마루는 마을 사람들이
언제든지 쉬어갈 수 있는 정자이다.

경사지를 이용한 디자인

두포리의 대지는 경사지의 임야이다. 오래된 밤나무 숲이었고 아직도 집이 지어지지 않은 곳은 밤나무가 그대로 남아있다. 경사지를 그대로 이용한 집을 만들기 위해 스킵플로어Skip Floor로 설계를 하였다. 즉, 반층 마다 실이 있는 것이다. 25평과 35평의 집을 지었는데 모두 집의 크기가 더 크게 느껴지게 되는 근사한 공간으로 만들어졌다.

평화를 품은 집의 평화도서관에는 3가지의 기능이 있다. 우선 도서관과 전시관인 제노사이드관 그리고 출판사이다. 연면적 60평의 작은 면적에 경사지를 이용하여 이 3가지의 기능을 담았다. 그리고 야외의 데크를 이용하여 공간을 확장하였고 그 확장된 공간으로 프로그램을 담을 수 있게 하였다. 그 곁에는 처음 지었던 연마루 정자가 놓여있다.

↓ ↘ 스킵플로어

→ 도서관 내부
계단을 따라 벽면이 책장이 되고 중간중간 독서를 위한 공간들을 만들었다.

경사지를 이용한 목조주택을 만드는 작업은 결코 쉽지만은 않았다. 스킵플로어의 2개의 높이를 가진 구조를 목구조로 만드는 것은 기존의 같은 레벨로 만드는 작업에 비해 구조를 만드는 작업이 오래 걸리기 때문이다.

하지만 다 구축하고 보니 높이 차이로 만들어진 공간들이 재미있고, 유용하게 작동되었다.

집을 다 짓고 나서 집들이를 하면서 울컥 눈물이 났다. 10여 년의 시간이 주마등처럼 지나가면서 그간의 사연들이 밀려와서 인가 보다. 드디어 만들어졌구나 하는 안도감과 기뻐하시는 집장님과 동렬이네, 소라네 식구들과 짠해지는 마음은 모두 같다고 느껴졌다.

→ 신문 기사

시간의 겹

10년 만에 지어진 집 공동체 마을은 아직도 진행 중이다. 그중 한 가족은 마스터플랜과는 다르지만, 이곳에 자리를 잡고 준비했던 공방을 실천하고 있다. 비록 한꺼번에 구축되지는 않았지만, 아직도 두포리 문화마을은 진행 중이다.

평화를 품은 집의 평화도서관은 많은 분이 잘 사용하고 있다. 이제 이곳에 많은 사람이 오가고 또 이야기가 겹겹이 싸여가고 있다.

이렇게 두포리 문화마을은 시간의 겹을 함께 하면서 만들어질 것이라 생각한다.

↓ 두포리

나무집에 사는 이야기

건축주 이야기

나무집에 사는 이야기

나무집에 살다 보니

향여재 건축주

가을 미인 구절초가 벌써 피었다. 햇볕을 한 아름 안은 뽀오얀 구절초 꽃잎은 빛으로 반짝이고, 나비가 날아다니듯 피어나는 분홍과 흰색 바늘꽃이 바람에 하늘거리는 모습은 꽃인가 나비인가 싶다. 오늘 같은 일요일 오후는 평화와 고요에 향기가 내면으로 스며드는 시간이다.

    얼마 후면 정원 가장자리에 심어놓은 억새가 피어날 것이다. 자세히 보니 봉긋한 억새 봉우리가 여럿 올라와 있다. 햇볕에 간지러움을 못견뎌하는 아이들은 곧 얼굴을 보일 것이다.

2014년 6월 건축이 마무리 되고 집 열쇠를 받아들었던 그 느낌을 지금도 잊을 수 없다.

'이제 내 차례가 왔구나.'

6개월이 넘는 시간을 서울 노바건축 사무실을 오가며 이메일, 전화로 의견을 조율해가며 설계가 끝나고, 4개월에 걸쳐 향여재가 지어졌다. 이제 향여재와 함께 살아가는 일은 집주인인 나의 몫이다. 향여재와 함께 살아가는 일은 설계나 시공 기간보다 많이 길어질 것이다. 앞날은 알 수 없겠으나 나와 가족은 아마도 긴 시간 이곳에 우리 가족 만에 흔적을 남길 것이고 향여재에 나무테 깊이 분위기와 향이 배어갈 것이다. 어느 집을 방문 할 때 그 집은 방문자에게 분위기로 향기로 말을 걸어온다. 우리 집을 방문하는 분들에게도 우리 가족이 말을 건네기 전에 향여재가 먼저 말을 걸 것이다. 어떤 말을 할지는 나와 가족이 어떻게 살았는가에 따라 이야기에 분위기와 소재가 달라질 것이다.

삼각형 모양에 박공지붕은 내가 선호하는 지붕이다. 어릴 적 자라난 친정 집 기와 지붕에 대한 기억 때문인지 안정감을 준다. 목조 주택이지만 주택 외관은 치장 벽돌로 마무리되어있어 집을 보러 오시는 지인이나 방문자들은 "이게 목조 주택이라고요?"하며 되묻는다.

목조주택을 생각할 때 세컨하우스로 지어지던 통나무 집을 많이 떠올린다. 나도 그랬다. 집을 지으려고 건축에 대해 알아보면서 어릴 적 자라난 친정 한옥집은 구조재인 목재가 눈에 보이는 중목주조 방식, 향여재처럼 목재가 드러나지 않는 서양식 구조를 경골 목조주택이라고 하는 것도 알게 되었다. 콘크리트로 지어진 아파트에서 20여년 살면서 몸이 바싹 말라가는 메마른 느낌과 경제적 효율성에 맞추어진 낮은 천정이 주는 답답함은 나무집으로 마음을 밀어냈다. 목조주택에 이산화탄소 저감 효과나 친환경성도 중요하지만 향여재에 살아가면서 심신의 변화는 굳이 연구 논문을 인용하지 않아도 경험적으로 충분하게 말할 수 있다.

건축을 종합예술이라고 한다는데 나에게 향여재는 종합치유세트다. 몸, 마음, 정신, 영혼이 향여재와 어우러지면서 2014년 6월 향여재 대문을 열고 이사 오던 그때 내가 아니다. 우리의 몸은 나무, 불, 흙, 광물, 물의 물성을 갖고 있다. 잊고 있던 내 몸에 나무의 물성은 향여재를 만나고 나무에 온유함과 자가 치유력을 선물 받았다.

    몸이 약했던 난 오랜 직장 생활로 피로가 누적되어 있었다. 가끔 필요 이상으로 날카로워지는 신경증은 스스로도 괴로울 때가 있었다. 지금은 예전보다 더 많은 일, 더 많은 관계, 더 많은 공부를 하고 있는데 나무집에서 7년에 삶은 그때와 지금의 내가 다른 사람이라고 느끼게 한다. 언제, 몇 시에, 얼만큼 좋아졌는지는 모르겠다. 마치 나무가 어느 날 쑥쑥 자라있듯이 나도 그렇다. 나무에 물성이 주는 부드러움, 온유함, 인내, 견고함, 성장, 수용, 포용, 생명력….

    어릴 적 나무 타기를 참 잘했다. 몸이 가벼웠던 난 뒷 뜰 감나무 꼭대기까지 올라 붉은 연시를 따서 내려오곤 했다. 감나무는 물러서 가지가 잘 부러진다. 몸이 가벼워야 올라갈 수 있기에 연시를 따는 일은 늘 내차지였다. 감나무에 거친 나무껍질이 참 좋았다. 친정 집 대청마루에는 기둥이 있었는데, 기둥을 올라서 대들보에 손을 대보고 내려오곤 했다. 향여재에는 커다란 단풍나무가 세 그루 있다. 죽은 나뭇가지나 도장지는 초봄에 가지치기를 해준다. 그것도 내 차지다. 배롱나무에 가지 손질도 직접한다. 그러다 앞뜰에 매실 나무에게 다가가 말을 걸어 본다. 겨울을 건너 찾아오는 청초한 매화가 주는 매력에 '너 참 매력있구나"라며 말 걸어 본다.

    묵묵히 환경이 주는 어려움을 이겨내는 나무가 주는 물성을 어눌한 말로 표현하는 것은 어렵다. 하지만 곁에 두고 느끼며 나무가 주는 혜택을 받아들을 수는 있다. 나무에 둘러싸여 살견서 건강도 많이 좋아졌다. 물론 목조주택에 살면 다 좋아진다는 뜻은 아니다. 하지만 나무는 늘 준비완료 상태다. 함께 하는 사람들에게 나눠줄 것이 참 많은데, 마음을 열고 받아들이기만 한다면 분명 나무가 주는 행복함을 함께 할 수 있다.

향여재는 정원을 빼고 말하기가 어렵다. 향여재에 들어와서 2~3년에 시간은 정원을 가꾸는데 많은 열정과 시간을 들였다. 새로운 꽃들을 만나면 사다가 심기를 여러 번 했다. 산기슭 끝자락인 향여재 정원은 건조하고 산에서 불어오는 바람도 많이 차가워 겨울에는 시내보다 온도가 2도 정도 낮다. 그러다보니 애써 가꾼 초화류가 다음 해에는 스러져서 다시 얼굴을 보기 어렵기도 했고, 긴 가뭄으로 담 대신 심은 나무들이 죽기도 했다. 그러다 알게 되었다. 자라도록 도와줄 수는 있어도 자라는 것은 그들의 몫이라는 걸. 사라져가는 많은 초화류를 보면서 욕심으로 애쓰던 내 모습을 뒤돌아보게 되었다. 그리고 혹한을 견디고 나오는 새싹이 주는 감동에 전율하던 초봄을 지나면서 이미 있는 것들, 나의 곁에서 자리를 함께하는 생명들을 바라보는 마음의 눈이 열리게 되었다. 거기에는 가족도 포함된다. 당연한 줄 알았던 것이 사실은 매일 기적이였던 것을….

2020년 9월에, 햇볕 맑은 가을날 향여재에서.

건축에 있어서 건축주, 건축가, 시공사간의 역할에 관한 단상

선여재 건축주

직업(변호사)상 어떤 때는 건축주의 편에서, 어떤 때는 건축가의 편에서 또 어떤 때는 시공사의 편에서 건축에 관한 많은 분쟁을 접하고 해결한 경험을 갖게 되었

습니다. 그러던 중 2017년 봄 제가 건축주로, 노바 강승희 대표님이 건축가로, 나무이야기 홍규택 대표님이 시공사로 만나게 되었습니다. 산 아래, 사람이 북적이지 않는 곳에, 넓은 마당이 있는 집을 짓고 살고 싶었던 저는 현재 살고 있는 토지를 구입하게 되었고 지인의 소개로 강승희 대표님을 만나게 되었습니다(분쟁의 당사자로 많은 시공사와 건축가를 만났던 터라 처음 강승희 대표님과 홍규택 대표님을 만났을 때 습관적으로 경계심을 가졌던 기억이 납니다. 지금은 두 분과 형님, 동생하고 지내는 친한 사이가 되었습니다).

 노바 사무실에서 아내와 강승희 대표님을 만났을 때, 대표님은 목조주택의 특징과 장점에 대해 말씀해 주셨고 어린 딸을 친환경 주택에서 키우고 싶었던 저와 와이프는 목조주택의 매력에 시나브로 빠져들게 되었습니다(강승희 대표님의 말솜씨가 보통이 아닙니다). 저와 아내는 나름대로 단독주택과 관련된 여러 책자를 섭렵하고 수도권 여러 지역의 단독주택을 눈여겨 본 후 우리가 원하는 주택을 강승희 대표님에게 이야기 하였고, 강승희 대표님은 토지를 둘러본 후 주택이 들어설 자리, 주택의 방향, 주택의 외형을 제시하였습니다.

건축 상담이 시작되면 건축주는 건축가에게 자신의 요구사항을 전달하게 되는데 돌이켜보면 위 과정이 집을 짓는데 있어 가장 중요한 순간인 것 같습니다. 저와 아내는 집 짓는 일이 처음이라 좋게 보았던 기존 집들의 외관이나 실내 공간 배치, 건축자재 등을 중심으로 요구사항을 전달하였습니다. 그런데 지금 다시 상담을 한다면 혹은 집을 짓고자 건축가를 찾고 계신 분이 있다면, 건축상담을 시작할 때는 건축주는 먼저 디테일한 외관, 공간배치, 자재 등에 관한 요구보다 '자신이 집에 대해 꿈꾸어 오던 로망'을 일기 쓰듯 그림을 그리 듯 건축가에게 자연스럽게 전달하라고 말씀드리고 싶습니다. 그러면 건축가는 건축주의 로망을 토지모양, 입지조건, 주택의 트렌드, 건축비용 등을 종합적으로 감안하고 건축가의 상상력을 더하여 건축주의 로망이 실물로 드러나도록 보여 줄 것입니다(물론 그러한 능력을 가진 건축가를 만나야 가능한 것이겠지요).

다르게 표현하면 건축주는 건축의 전문가가 아니기 때문에 토지의 형태와 건물의 배치, 주변 환경과 건물의 조화, 현재의 건축기술이나 건축의 트렌드 등을 종합적으로 이해하기 힘듭니다. 따라서 건축주는 자신의 로망만 건축가에게 전달하고 건축주의 로망을 디테일하게 풀어내는 것은 건축가의 몫으로 남겨 두라는 것입니다(다음 단계에서는 건축주의 경제적 사정, 가족의 구성의 수, 건축주의 사용편의성 등을 건축에 반영하여야겠지요).

위와 같은 건축주의 역할을 건축가의 입장에서 생각해 보면 건축가는 단순히 건축주의 요구사항을 종합하여 혹은 입지조건, 주변 환경 등 건축 외의 요소를 고려하지 않고, 현재 유행하는 스타일의 일률적인 건물을 지을 것을 건축주에게 제안해서는 안 된다는 것입니다. 즉 건축가는 건축주의 로망을 풀어낼 수 있는 인문적 소양을 갖추어야 한다는 것입니다. 집을 지어 본 많은 사람들은 공통적으로 '집 짓다가 10년은 늙는다'고 합니다. 이 말은 시공사를 잘못 만나 계약기간 내에 건물을 완공하지 못하거나 불량자재를 사용하여 집의 품격이 떨어지거나 시공능력이 부족하여 하자가 발생하거나 중간에 공사비를 추가로 요구하는 등 시공사와 빚은 갈등으로 인해 힘들었던 경험을 토로 하는 것이겠지요.

다행히 제가 만난 나무이야기 홍규택 대표님은 겸손하고 예의 바른 태도 그대로 집을 지었고 어떤 갈등도 만들지 않았습니다. 오히려 대표님은 건축비가 조금 더 들더라도(건축주에게 추가 비용 부담 없이), 건물의 안전을 위해 구조를 보강하였고, 이중삼중으로 방수처리를 하였으며, 외관의 작은 부분도 허름하게 방치 하지 않았습니다. 집이 완공된 후 하자보수요청(하자가 발생하지 않아 요청하지 않음)을 하지 않았음에도 불쑥 수원에서 파주까지 건너와 하자가 없는지 점검하는 감동까지 주었습니다. 건축에 있어 시공사의 역할은 위에서 열거한 홍 대표님의 모범으로 충분하지 않나 싶은데, 요약하면 시공사는 약정한 건축비 이상을 건축주에게 요구하지 않아야 하고, 자신이 건축한 건물에 대한 자부심과 애착이 있어야 하며, 건축주가 건축과정에서 스트레스를 받지 않도록 신뢰를 주어야 한다는 것입니다.

이상 제가 집을 지으면서 가졌던, 소송을 하면서 느꼈던, 건축에 관한 건축주, 건축가, 시공사 각자의 역할에 관한 두서없는 생각이었습니다(강승희 대표님과 홍규택 대표님에 대한 고마움의 표현이기도 합니다).

선여재 건축주 드림.

제주 어느 작은 마을의 나무집 이야기

여희재 건축주

제주도의 작은 시골 마을, 이 곳 여희재에 이사온 지 만 3년이 되었습니다.

어렸을 때 처음 가족과 함께 왔던 제주에 반해 막연히 제주에 살면 좋겠다는 생각을 했었으나 서울 살이에 바빠 제주는 그저 여행지로만 여기다 우연한 기회에 제주에 집을 지을 수 있는 땅을 보게 되면서 저의 집짓기는 시작되었습니다.

먼저 땅이 위치한 시골 마을 분위기를 해치지 않되 제주스러움을 담고 싶었고, 오랫동안 살 수 있으면 좋겠지만 그렇지 않더라도 제주의 자연을 위해 쓰레기가 적게 나올 수 있는 자연친화적인 목조주택을 짓고 싶었습니다. 다만 제주도 날씨 특성 상 바람이 강하게 많이 불고 비가 많이 오며 습하기 때문에 이런 조건에 견딜 수 있는 집이어야 했습니다. 그래서 집짓기의 시작인 설계가 무엇보다 중요하다고 생각하여 목조주택 설계로 유명하신 노바건축사사무소 강승희 소장님과 나무이야기 홍규택 소장님을 만나게 되었습니다.

살고 싶은 집을 설계하고 짓는 과정은 기대와 설레임으로 가득했고, 강소장님과 홍소장님과의 소통은 즐거웠습니다. 아늑한 집과 함께 마을분들과 어울릴 수 있는 작은 카페와 업무 공간을 함께 만들고 싶었고, 살아가는 사람과 함께 세월의 흔적이 자연스러운 집이면 좋을 것 같았습니다. 여러 희망사항을 반영하여 제주의 감귤 창고를 모티브로 주변 감귤밭과 돌집들에 어울리는 박공 지붕과 나무 외장의 집을 설계하게 되었습니다. 시공하는 동안 자주 내려가지 못했지만 매일 밴드로 확인하면서 아무 걱정 없이 집을 완성할 수 있었습니다. 마침내 제주로 이사가는 날은 더 없이 맑고 화창한 가을 날이었습니다.

이사 후 첫 겨울, 밖에는 겨울 바람이 매섭게 불어도 집 안은 보일러를 켜면 조용하고 따뜻했습니다. 카페 공간에는 커다란 폴딩도어가 있는데도 단열이 잘 되고 해가 잘 들어 보일러를 켜지 않아도 춥지 않았습니다. 마을분들이 난방을 한 줄 아실 정도로 보일러 켤 일이 별로 없었습니다.

봄이 지나 여름이 오면서 비가 자주 내렸고, 태풍 볼라벤이 제주를 하루종일 강타하여 많은 지역이 피해를 입고 정전이 될 정도였는데 집은 허리케인타이로 보강을 해서인지 피해가 없었습니다. 마을분들 대부분 피해가 있었는데 정원에 나뭇가지 부러진거 외에 집은 피해가 없다고 하니 집 잘 지었다고들 하셨습니다. 그리고, 제주영어교육도시에 거주하시는 다양한 지역의 학부모분들이 카페에 오시면 예쁘게 지었다고 감탄하시면서도 제주는 여름에 곰팡이가 골치라고 곰팡이 안생기냐고 물어보시는데 그런 문제는 전혀 없었습니다.

제주에 목조주택을 짓는다고 말씀드렸을 때 옛날 살던 단독주택 집을 떠올리며 걱정하셨던 부모님께서도 여러 번 오셔서 지내다 가시곤 했는데 그 때마다 나무 냄새도 좋고 잠도 잘 오고 집이 따뜻하다고 잘 지었다고 하셨습니다. 3년째 제주도 바람과 비, 태풍을 겪으면서 잘 지은 목조주택이 얼마나 쾌적하고 살기 좋은지 강소장님과 홍소장님께 해 마다 감귤 보내드리면서 고마움을 대신하고 있습니다.

만약 다시 집을 짓게 된다면? 당연히 나무집으로 지을 것입니다!

강승희 소장님의 나무집 이야기 책 출간을 축하하며,
제주 시골 마을의 나무집 여희재 건축주 드림.

전원에 나무집을 짓고 살아보니 이렇더라   함여재 건축주

처음 집을 짓기로 마음을 먹고 조금 알아보니, 크게 철근콘크리트 주택과 목조주택이 있었다. 둘 중 무엇을 선택할지는 오래 고민하지 않았다. 우선 콘크리트는 차갑게 느껴져서 싫었고 자연의 재료인 나무가 좋았다. 그래서 목조주택을 많이 짓는 건축가를 찾아보게 되었고 노바건축의 강승희 소장님을 선택하였다.

우리 부부가 나무라는 소재를 좋

아하긴 하는 것 같다. 목조구조에 외벽도 나무르 마감했고 거실의 한쪽 벽면을 차지하는 삼나무 책장, 편백나무 천정, 자작나무 방문, 코르크 바닥까지 지금 와서 둘러보니 부엌과 욕실을 빼곤 나무가 아닌 곳이 없다. 여담이지간 함여재로 이사 오기 세 달 전에 태어난 아기의 태명도 나무였다.

우리 부부는 따뜻한 집을 원했다. 집의 분위기뿐만 아니라 실질적으로 겨울에도 난방비 많이 안 들고 보온이 잘 되는 집 말이다. 전원주택은 보통 춥다는 얘기를 많이 들었지만 단열재와 창호에 신경을 쓰견 따뜻할 것이라는 믿음이 있었다. 강승희 소장님도 처음부터 단열의 중요성을 설명해 주셨다. 3월 말에 이사를 했으니 아직 한 겨울은 보내지 못했으나, 3월의 추위는 오전에 창으로 들어온 빛이 집안을 데워 오후까지 따뜻하게 보낼 수 있었다. 빛이 잘 들어오는 구조로 설계를 해주신 덕분이다. 올여름은 유난히 긴 장마와 태풍의 영향으르 습한 날이 많았지만 비가 새거나 바람으로 인한 피해는 없었다. 오히려 나무집의 장점인 쾌적함을 확인할 수 있는 기간이었다. 장마 기간어도 아침에 일어났을 때나 그 외 시간에서 예전 서울의 빌라어서 살 때 느끼지 못했던 쾌적함이 있었다. 이런 것이 나무집의 가장 큰 장점이 아닐까 생각한다.

지금 우리 부부에게 집을 짓고 살면서 가장 좋은 것은 아마도 아이를 편하게 키울 수 있는 것이 아닐까 생각한다. 아기가 마음껏 울어도 이웃의 눈치를 볼 필요가 없고, 기분 전환을 위해 아이와 함께 바로 마당으로 나가 시원한 공기를 마시고 예쁜 꽃들과 나무와 푸른 하늘을 볼 수 있다는 것이 너무 좋다. 특히나 현재 코로나19로 인해 사회적 거리를 두어야 하는 상황에서는 전원주택의 삶이 도시에서의 삶보다 조금이나마 여유로운 것 같다.

함여재 건축주 드림.

자연이 품은 집, 즐거움과 에너지를 내 품는 건축   평화를 품은 집 건축주

들어가는 말.

살면서 자기 집을 짓고 사는 사람이 얼마나 될까? 보통 이런 말들을 많이 한다. 이런 말을 하는 이유는 그만큼 자기 집을 짓고 사는 사람이 드물다는 이야기일 것이다.

    나는 약 30년 간 떠돌며 살았던 아파트 생활을 마감하고 파평면 두포리 야트막한 경사가 있는 밤나무 숲 속에 새로 지은 집으로 이사 와서 7년 째 살고 있다. 주변 지인들이 보통 집을 지을 때 이미 설계 된 도면에 약간의 수정 보완을 한 후 집을 짓는 것을 많이 봐 왔는데 나는 집을 새로 짓기로 결정하고 설계를 시작한지 10년이 넘은 후에야 시공을 시작했으니 설계 기간만 10년이 걸린 셈이다. 그토록 오랜 시간동안 설계의 끈을 놓지 않은 강소장님이 그저 고마울 따름이다. 설계 기간이 길어진 바람에 난 오래도록 건축가와 많은 이야기를 나누며 설계에 대한 개념과 집의 공간 구조에 대한 이해의 범위를 넓혔으며 덕분에 건축에 대한 공부를 많이 하게 되었다.

숲 속에 집을 지어야 하니 제일 중요한 것이 어떻게 자연환경에 충실한 집을 지을 것인가였다. 다행히 건축가가 자연 환경을 고려한 친환경 주택 설계 경험이 많아 자연이 품은 집 즐거움과 에너지를 내뿜는 집 설계가 착실히 진행되 나갔다.

건축가의 첫 번째 고려사항은 야트막한 숲 속 언덕어 집을 경사면에 그대로 앉히는 것이었다. 경사면의 절개를 최소화 하고 산 위에서 아래로 흐르는 땅이 갖고 있는 형상 그대로에 집을 앉히는 '자연을 품은 집'이 아닌 '자연이 품은 집' 설계의 시작이었고 감동의 시작이기도 했다.

그리고 두 번째 고려사항은 우리 지역의 특수성인 습기의 문제였다. 끊임없이 올리어질 임진강과 두포천의 안개, 그리고 뒷산에서 품어져 나올 습, 긴 장마철의 습을 해결하기 위해 건축가는 목조주택을 제안 했고 자연스레 집의 내외장 자재는 나무였고 7년 사는 동안 아직 제습기 한 번 틀어본 적이 없으니 목조 주택으로의 제안은 주요했던 것 같다.

설계의 세 번째 고려사항은 보온단열이었던 것 같다. 집의 위치가 북위 38도에 인접한 곳이라 겨울에 추위와 난방비를 걱정하지 않을 수가 없었다. 건축가는 마감재, 단열재뿐만 아니라 겨울에 햇볕이 잘 들어오고 여름에 바람이 잘 통하는 창문과 출입문의 방향에 고민을 많이 했던 것 같다. 살아보니 1, 2, 3층 방과 거실의 경우 햇볕이 잘 들어와 한 겨울 낮에 창문을 열어놓고 지내도 따듯하다. 물론 실내의 신선한 공기는 보너스다. 여름엔 바람이 동서남토 어느 방향에서 불어도 집안으로 들어오게끔 한 창과 문의 설계 덕에 덜 습하고 덜 더운 여름을 보낸다.

설계의 네 번째 고려사항은 집안과 바깥이 연결 된 집의 구조를 갖는 거였던 것 같다. 물론 집 안에 있어도 바깥을 즐기기 위함이었다. 살아보니 지하층인 안방에서는 아침마다 한 여름 파평산과 한 겨울 광평산을 오가며 뜨는 아침 해의 기운을 받고 지내며, 1층 거실의 식탁에서는 정원의 초록과 뒷산의 우거진 나무들을 보며 늘 숲속 펜션에서 식사하는 즐거움을 갖는다. 날씨가 맑은 날 밤 2층 방에는 달과 별이 방으로 들어와 침대에 눕는다. 침대에 누워만 있으면 달과 별과 함께 자는 것 같다. 비가 세차게 내리는 날 지붕 밑 3층 방에 있으면 마치 빗방울이 머리에 떨어지는 것 같아 깜짝깜짝 놀란다. 물론 창밖엔 빗줄기가 하나의 선을 이루며 끊임없이 땅으로 향한다. 하늘과 땅이 하나로 이어지는 순간이다.

설계의 다섯 번째 주요 고려사항은 저비용에 효율 높은 공간 구조를 갖는 착한 집짓기였건 것같다. 건축가는 165평의 땅, 20평의 대지 위에 창고, 방(4개), 거실, 다락방, 주방(2개), 보일러실을 넣은 35평형 설계에 65평 공간을 만들 수 있는 설계도를 만들어 주었다. 나는 감동이었다. 각 공간이 좁지 않을뿐더러 각 공간끼리의 연결성과 접근성도 훌륭했다. 도대체 그 비결은 무얼까? 건축가의 브리핑을 듣고 보니 경사면 땅을 나선형으로 설계한 설계의 힘이었다. 보통 평지에 지은 건축에서는 상상할 수 없는 효율 높은 공간 설계였다. 준공 후 집에 입주해 살다 보니 공간 하나 하나 죽은 공간이 없다.

평화를 주제로한 평화도서관, 제노사이드역사자료관, 평품소극장 등 고유 업무에 텃밭 농사, 집 뜰 가꾸기에 쉬는 날 없는 바쁜 일상이지만 자연이 품은 집, 즐거움과 에너지를 내 품는 건축 덕분에 하루하루의 삶의 즐거움은 이루 말할 수가 없다. 건축가와 시공사에게 늘 고마운 마음이다.

평화를 품은 집 명연파 드림.

목조주택에 살다

동렬이네 집 건축주

어젯밤 많은 비가 내려 창을 닫고 잠이 들었다.

나는 이 곳으로 이사온 이후로는 거의 모든 창을 열어 두고 다닌다. 숲 속에 집을 지었으니 숲의 좋은 공기를 맘껏 즐기자 싶은 마음으로 겨울을 제외하고는 늘 창을 열어 두고 연두를, 초록을, 바람을, 새소리를, 풀벌레 소리를 즐기며 산다.

이번 여름은 유독 장마가 길고 홍수에 태풍에 코로나에 많이 힘든 시절을 보내고 있다. 어제 퇴근하는데 "태풍이 관통한다니 문단속 잘 하고 지붕 꼭 잡고 있어야 해요"라며 팀장님이 웃는다.

그러고 생각해 보니 내가 이 곳 두포리에 집을 짓고 이사 온 지가 거의 7년이 되었다. 그렇다면 일곱 번의 장마와 태풍을 겪었다는 이야기인데 다행히도 그 어떤 피해를 입은 기억이 없다.

처음 집을 짓고자 할 때 세 분의 건축가를 만났었다. 물론 그 때는 여러 집이 함께 집을 짓고 마을을 만들 계획이어서 세 분의 건축가가 나누어 설계를 진행했었다.

우리 집은 임소장님이 나의 꿈을 담아 설계를 해 주었었다. 하지만 이러저러한 이유로 건축이 늦어지고 여러 주변 여건으로 마을을 만들려 했던 계획은 수정되어야만 했다.

결국 두 집만이 먼저 집을 짓게 되고 땅의 위치가 바뀌면서 새로이 설계를 해야 하는 때에 강 소장님이 우리 집을 맡아 주게 되었다.

그 무렵의 나는 좀 지쳐 있었던 것 같다. 집을 짓는 것에 대해서 어떤 열정이나 기대가 좀 사그라들었었는지 아무런 조건도 희망사항도 없었다. 단지 "내가 가진 여력에 맞춰 알아서 설계해 주세요"가 나의 주문이었다.

처음 설계했을 때, 2층 방과 현관의 벽체를 연결해서 독특하고 특별한 공간을 만들었는데 안타깝게도 나의 경제적 여건으로 인해 그것을 포기해야 했다.

집을 짓고 함께 살면서 즐거운 일을 만들자 했던 때로부터 10여년이 훌쩍 지난 시점 드디어 땅을 파고 집짓기가 시작 되었다.

나무 골조가 올라가 뼈대가 세워지고 벽과 내부 공간이 나누어 질 무렵의 어느 날 건축 중이던 집을 보러 갔는데 거실에서 바라본 천장이 너무 높고 휑한 것이 뭔가 이상해 보였다. 한참을 고심한 끝에 다시 그 공간을 살리기로 했다.

그 소식을 들은 소장님은 정말 반가워 하셨다. 말을 안 해서 그렇지 얼마나 안타까웠겠는가 공들여 설계했는데 건축주라는 사람이 못하겠다 했으니 참으로 답답했겠다. 지금 생각해도 집 짓는 중에 제일 잘한 일이 그 일이라 생각한다. 지금은 작은 다실 겸 나의 서재로 사용하고 있는데 가슴을 쓸어 내리며 감사하고 있다. 우리 집에 오는 모두는 그 곳을 제일 좋아하고 감탄한다.

미니 3층 같은 느낌의 우리 집은 위 아래가 환하여 시원한 느낌을 준다. 문을 열고 들어오면 부엌이 있고 반 층을 내려가면 거실과 독립된 공간인 방 하나와 화장실, 다시 반 층을 올라가면 방 하나와 화장실 그리고 하마터면 사라질 뻔한 멋진 다실이 있는 숲 속의 작은 집이 완성되었다.

내가 얼마간 지방에서 생활하게 되어 아는 분들에게 게스트 하우스로 종종 빌려주곤 했는데 드라마에 나오는 집처럼 멋진 집이라며 좋아라 한다.

목조로 집을 짓는다고 할 때 주변에서는 "불 나면 위험하잖아", "너무 약하지 않을까, 벽체는 콘크리트나 벽돌로 해야지", "목조주택은 좀 가벼워 보이는 거 같은데" 등의 이야기들이 있었다. 하지만 우리는 처음부터 친환경 소재를 사용해 집을 짓자고 약속했고 조소장님 또한 목조주택 전문가이고 친환경 주택을 지향하고 분이라고 알고 있었다.

두 번의 생각도 필요 없었다. 그리하여 완성된 25평의 작은 우리 집은 새 집임에도 불구하고 그 어떤 냄새도 나지 않았다. 오히려 나무의 은은한 향이 난다고 느꼈었다.

겨울엔 엄청 추울 꺼야 했지만 생각보다 잘 지내고 있다. 주택에 살면서 아파트에서 살던 것처럼 살려면 집을 지을 필요도 없는 것 아닐까, 옷을 좀 따뜻하게 입고 몸을 움직이면 오히려 겨울의 싸한 공기가 상쾌하게 느껴지기도 한다. 단열을 물론 신경 쓰기는 했지만 나무 자체가 단열 효과도 있고 습도 조절까지 한다는 것을 나중에야 알았다. 그야말로 호흡하는 집이다.

그리고 일곱 번의 계절 변화를 겪으며 우리 집이 참 튼튼하게 잘 지어진 집이라 새삼 느끼고 생각하게 되었다.

얼마 전 읽은 어떤 자료에 의하면 목조로 지어진 집은 자연스럽게 내진 설계를 한 것과 같다고 한다.

나무로 지어진 집에서 나무로 만든 책상 앞에 앉아 나무로 만들어진 책을 읽으며 한 잔의 차를 마신다. 이보다 좋을 수가 없다.

나무가 있는 풍경을 바라보며 나의 매일을 시작하고 바쁘게 보냈던 하루를 정리하는 시간을 가지며 나무로 만든 침대에서 잠이 든다.

나는 오늘도 나무로 만든 집을 나서며 작은 일상을 시작한다.

그리고 십 년이 넘는 세월을 기다려 멋진 집을 설계해 주신 강 소장님께 정말 감사의 마음을 전한다.

동열이네 집 건축주 드림.

부록

부록

나의 서울생활

나는 경남 진주에서 태어났다. 5살 때 부모님의 손을 잡고 이사 온 집은 서울 동대문구 이문동의 단층 단독주택이다.

마루가 넓었던 집. 그리고 방이 이어져 있어 합판벽으로 나누어 사용하기도 하고 터서 크게 쓰기도 했던 집으로 일본식 주택의 평면을 가지고 있던 집이다.

마당에서는 할머니와 엄마가 겨울이면 배추를 산더미처럼 쌓아 놓고 동네 아주머니들과 수다를 떠시면서 김장을 했던 모습도 기억이 난다. 손님이 많이 오시는 날에는 이웃집 밥상과 식기류를 빌려와 잔치를 함께 했던 일종의 두레 같은 모습이 서울이지만 시골과 같은 풍습이 남아 있었다.

친구들과는 흙장난과 동네 뒷산인 고황산에 올라 메뚜기와 잠자리를 잡으며 놀았고 목이 마르면 그냥 마셨던 시냇물의 달달함을 지금도 기억한다.

6학년때 골목이 콘크리트 포장이 되어 구슬치기, 팽이치기 놀이를 하기 힘들어졌다. 놀다가 넘어지면 흙 바닥보다 많이 다치기 일쑤였다. 동네 골목의 놀이터가 점점 사라져 갔다.

만들기와 그리기를 좋아했던 내게 아버지께서 임무를 주셨다. 화장실 벽 페인트 칠하기였다. 그때만 해도 화장실이 실내에 있는 것이 아니라 마당 한편에 있는 일명 푸세식 화장실이었기에 화장실의 환경을 좋게 만들려고 내게 임무를 주셨다. 나는 흰색과 하늘색의 투톤으로 멋지게 칠했던 기억이 난다. 그 일이 내게 첫 번째 집수리였다.

그렇게 나의 서울 생활은 시작되었고 이문동, 휘경동, 월계동 일대의 단독주택에 지내면서 대학을 진학하여 건축과를 가게 되었다. 1995년 휴학 후

↘ 이문동 집 평면도

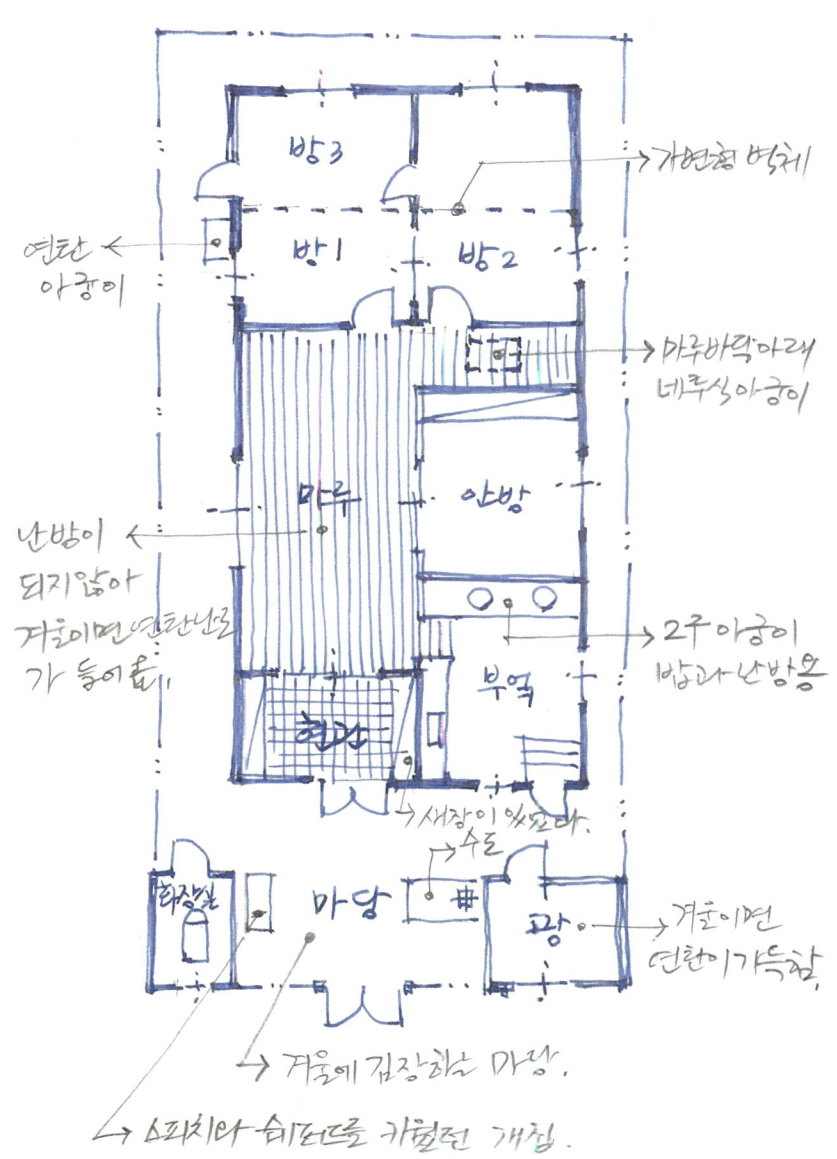

군입대를 하고 첫 휴가를 나오는 날 이사한 집 주소를 가지고 찾아간 곳은 아파트였다. 그 시절 동경의 대상이었던 아파트의 생활을 시작하게 된 것이다. 모든 공간이 거실을 중심으로 집적화 되어 있어 동선이 짧고 화장실 또한 거실 가까이 있어 편리함이 이룰 때 없었다.

편리한 생활이면서 독립적인 아파트, 넓은 외부공간의 공원 및 놀이터, 노인정…. 하지만 옆집에는 누가 살고 있는지? 윗집의 소음, 아랫집에 소음 전달이 될까 조마조마해야 하는 곳. 재산 가치에 대한 욕망이 더 중심이 되었던 아파트. 정주의 목적으로는 이야기와 추억이 결여된 주거의 형식이 되었다. 함께 했던 이웃 친구들의 모습은 폐쇄된 독립적 공간에 묻히게 되어 함께 어울려 살던 공동체의 모습은 찾아보기 힘들게 되었다.

내가 유독 단독주택에 관심을 가지게 된 것도 함께 어울려 사는 그러한 삶을 좋아해서 인가 보다.

첫 번째 설계
그리고 나무로 지은 첫 번째 집

대학 졸업 후 공간건축, 기오헌건축을 다니면서 10여 년간의 건축 수업을 마치고 2002년 2월 독립하여 처음 접하게 된 작업은 목동의 언덕 위 다가구주택이었다.

독립 후 첫 작업이었기에 무척이나 애정을 가졌던 프로젝트였다. 설계를 마치고 공사 감리를 하면서 엄청난 고민과 실망을 하게 되었다. 시공사의 전문성 부족으로 당초 설계와는 다른 모습의 결과물이 나왔으며, 또한 건축주의 독단적인 변경으로 불편한 공간들이 만들어지게 되었다. 이렇게 나의 첫 주택 작업은 많은 실망과 고민을 남겨주었다.

가장 보편적이고 많이 사용하고 있는 구조인 철근 콘크리트구조의 주택인데 왜 도면과 다르게 지어져야 하는지 라는 고민을 하게 되었다. 그래서 그 요인이 무엇인지 왜 그렇게 될 수밖에 없는지 분석해 보았다. 그 요인의 첫 번째는 불법 증축을 고려한 면적 확보를 위한 변경이며 두 번째는 시공사의 편의주의에 의한 일방적인 시공방식으로 인해 도면과 다른 결과가 나오게 된 것이다.

예를 들면 도면과 달리 시공하고 "이게 더 좋은 것 같아서 그렇게 했다"라는 등 이해가 되지 않는 사항들이 현실이었다. 이는 흔히 집 장수들의 건설방식인 것이기도 하다. 도면과 달리 건축주와 합의하에 만들어 가는 것인데 정말 그것이 좋은 방식인가? 설계를 하면서 많은 고민 끝에 만들어진 결과가 도면인 것을 이렇게 쉽게 변경하여 공사하여 불합리한 부분을 만들어 내고 이게 좋아서 했다는 해명은 실로 실망스러운 일이었다. 전문성의 결여와 전문가의 자존심도 없는 사업의 목적으로만 시공할 수 밖에 없는 상황들이 안타까웠다.

이렇게 나의 첫 번째 집은 매우 실망스럽게 막을 내렸다.

그러던 중, (사)문화도시연구소 주대관 선생의 권유로 농촌 집짓기에 참여하게 되었다. 문화도시연구소는 전문성과 현장성을 바탕으로 대안을 모색하고 그 실현을 위해 실천적인 활동을 펼쳐나가는 것이 목적을 둔 순수 민간 연구기관이다. 그 일환으로 농촌 집짓기는 소외된 지역에 전문가들이 참여하여 조사, 분석하고 건축과 학생들과 함께 직접 집을 짓는 작업을 하는 자원봉사 운동이다. 독거노인 주거, 귀농인 주거 등 주택에서 가장 기본적인 따뜻한 집, 편리한 집을 연구하여 그 고민의 결과를 설계에 반영하여 직접 집을 짓는 것이다. 학생들과 함께 고민하고 직접 시공을 해야 하기에 구축이 편리한 재료인 목구조가 되었다. 이렇게 나의 첫 번째 나무집이 지어졌다. 2004년부터 6년 동안 참여한 농촌 집짓기가 지금 주택을 연구하고 목조건축을 하게 된 동기가 되었다.

나무집의 정보 설계개요 및 평면도

여풍재(餘楓齋)

대지위치	경기도 용인시 수지구 고기동
대지면적	868m²
건물규모	지하 1층 / 지상 2층
구조	철근콘크리트조 + 중목구조
연면적	264.41m²

경여루(景餘樓)

건물규모	지상 1층
구조	한식목구조
연면적	40.32m²

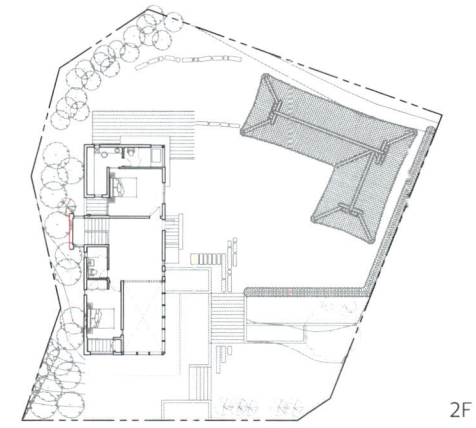

2F

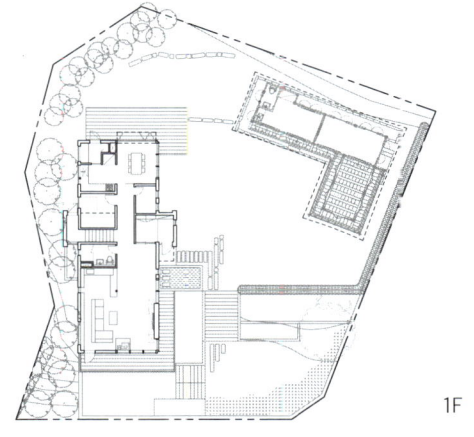

1F

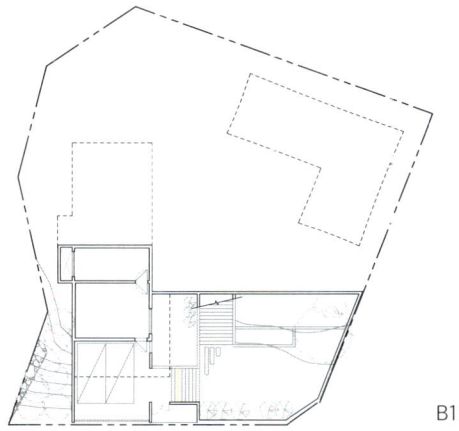

B1F

여연재(餘然齋)

대지위치	경기도 남양주시 조안면 삼봉리
대지면적	973m²
건물규모	지하 1층 / 지상 2층
주요용도	단독주택
구조	철근콘크리트조 + 경골목구조
연면적	311.08m²

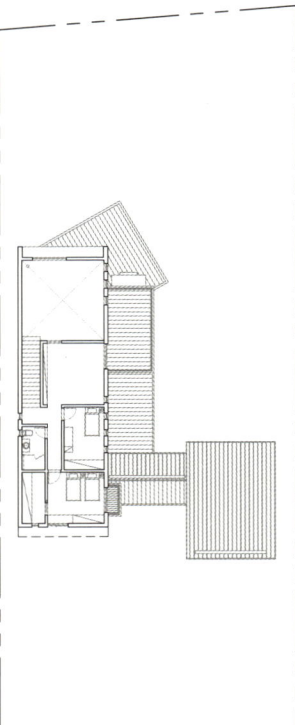

2F

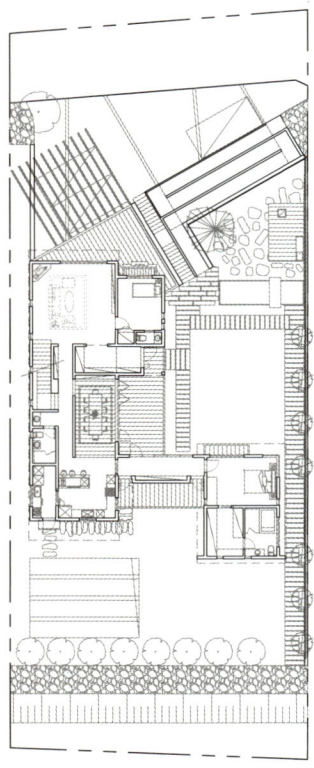

1F

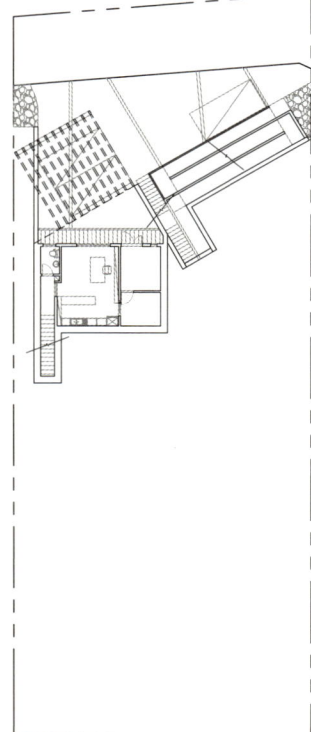

B1F

향여재(鄕餘齋)

대지위치   경기도 평택시 도일동
대지면적   481m²
건물규모   지상 1층
구조   경골목구조
연면적   142.25m²

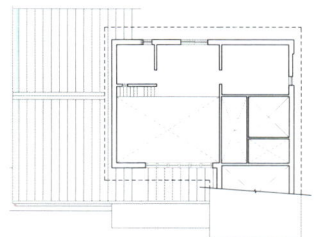

다락

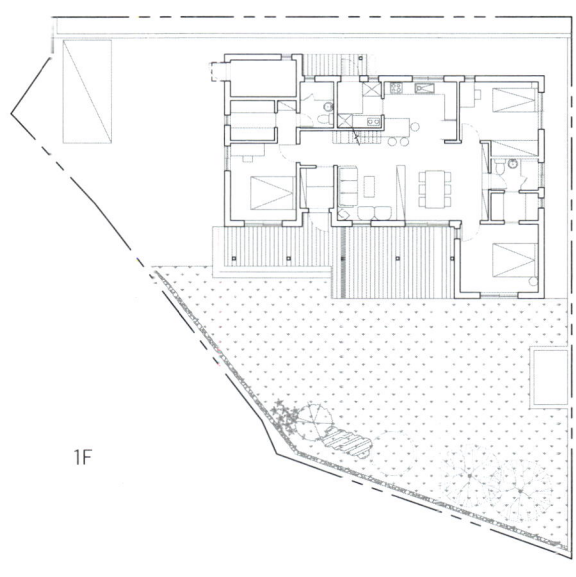

1F

선여재(宣餘齋)

대지위치   경기도 파주시 산남동
대지면적   495㎡
건물규모   지상 2층
구조   경골목구조
연면적   211.59㎡

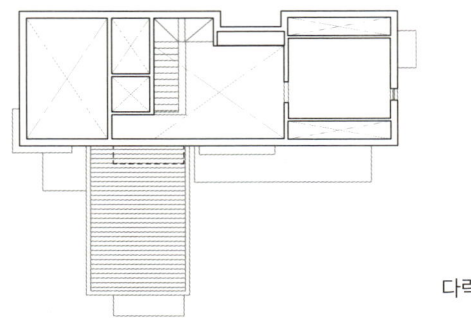

다락

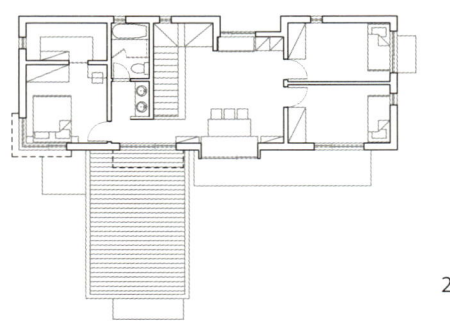

2F

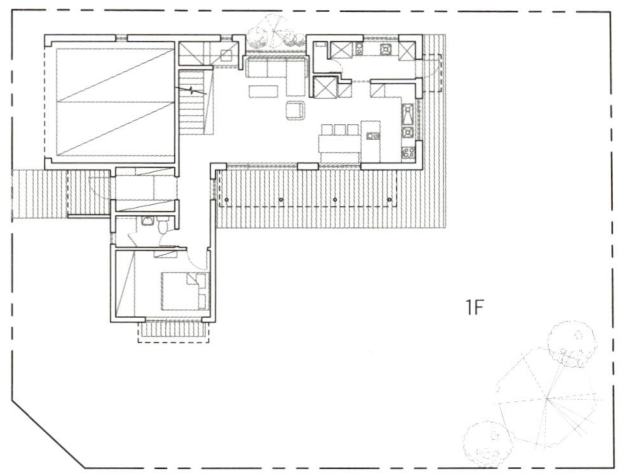

1F

함여재(含餘齋)

대지위치 경기도 양평군 용문면 조현리
대지면적 550m²
건물규모 지상 2층
구조 경골목구조
연면적 142.56m²

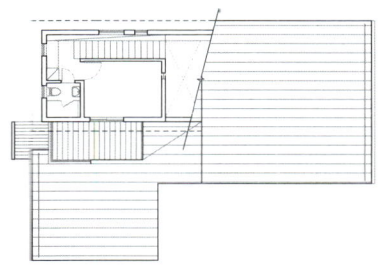

2F

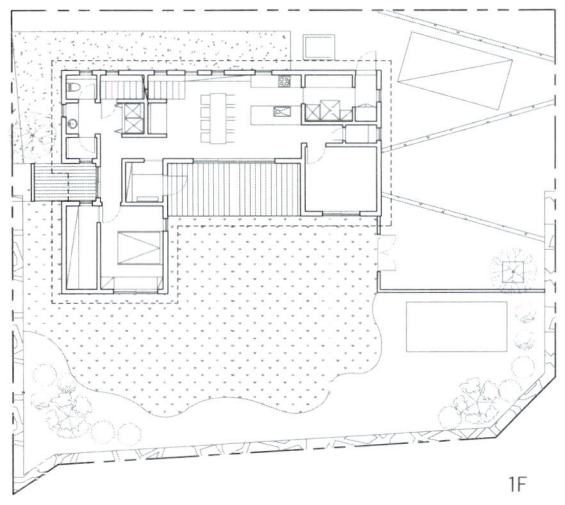

1F

여희재(餘喜齋)

대지위치	제주특별 자치도 서귀포시 대정읍 보성리
대지면적	1,530㎡
건물규모	지상 2층
구조	경골목구조
연면적	130.5㎡

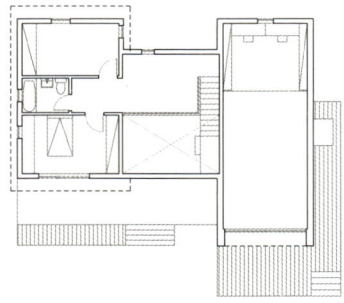

2F

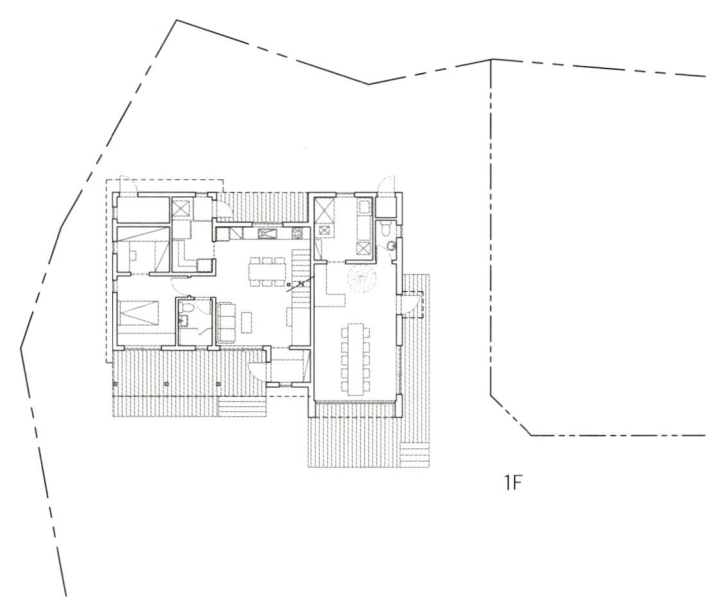

1F

여천재(餘天齋)

대지위치	경기도 성남시 분당구 운중동
대지면적	265m²
건물규모	지하 1층 / 지상 2층
구조	경골목구조 + 중목구조
연면적	284.13m²

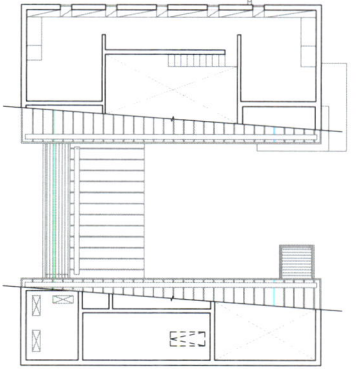

다락

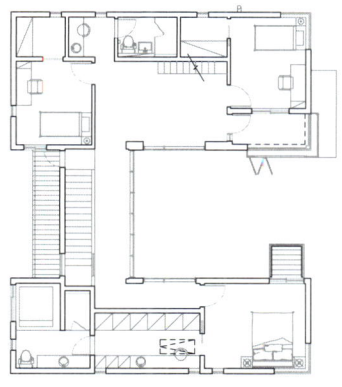

2F

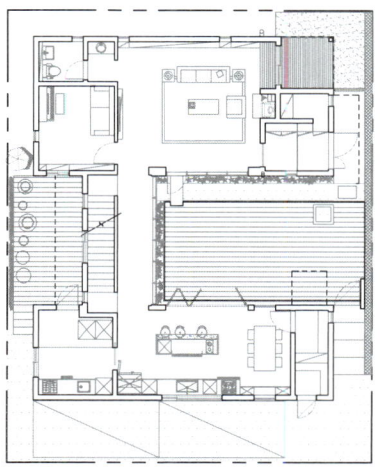

1F

여유헌(餘惟軒)

대지위치	경기도 성남시 분당구 운중동
대지면적	248.2m²
건물규모	지상 2층
구조	경골목구조 + 철근콘크리트구조
연면적	217.95m²

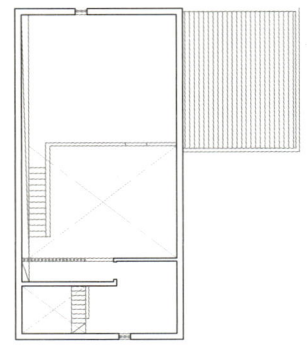

다락

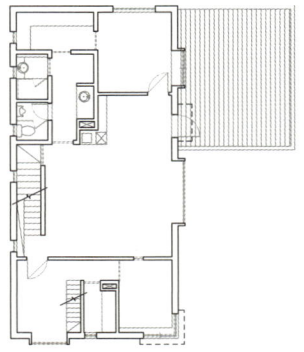

2F

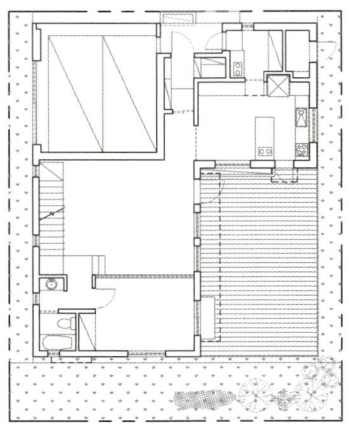

1F

원여헌(園餘軒)

대지위치	경기도 성남시 분당구 판교동
대지면적	228.9m²
건물규모	지상 2층
구조	경골목구조
연면적	175.14m²

다락

2F

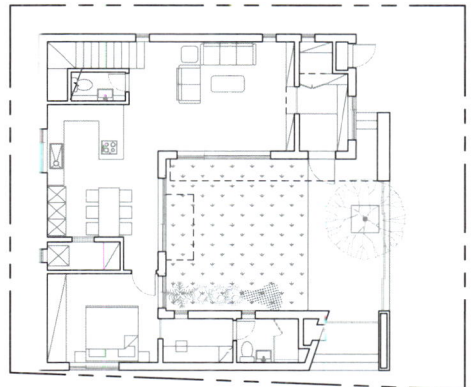

1F

여현재(餘賢齋)

대지위치　경기도 하남시 덕풍동
대지면적　264.1m²
건물규모　지상 2층
구조　　　경골목구조
연면적　　207.62m²

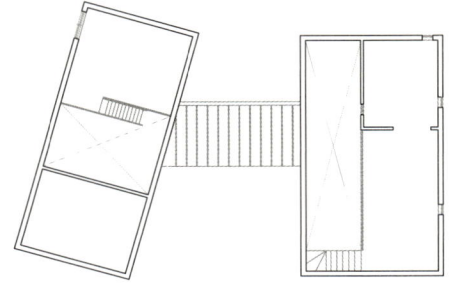

다락

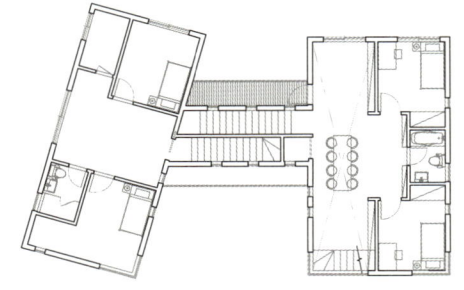

2F

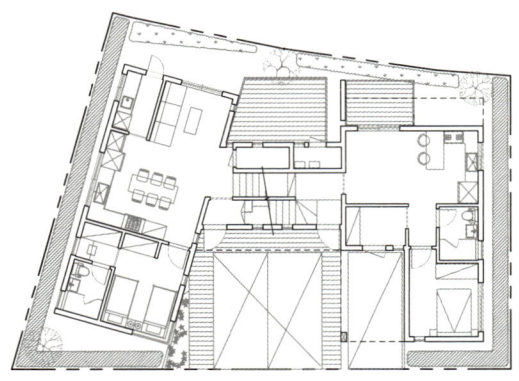

1F

여운재(餘韻齋)

대지위치　경기도 하남시 덕풍동
대지면적　249m²
건물규모　지상 2층
구조　　　경골목구조
연면적　　195.58m²

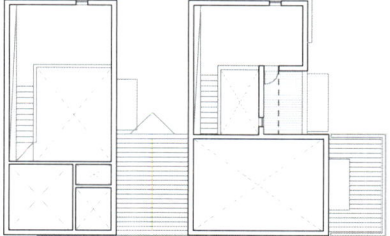

다락

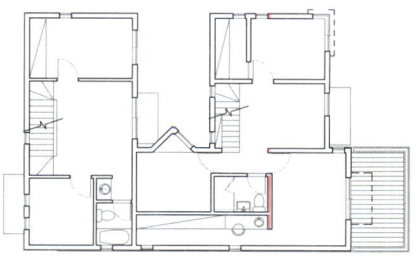

2F

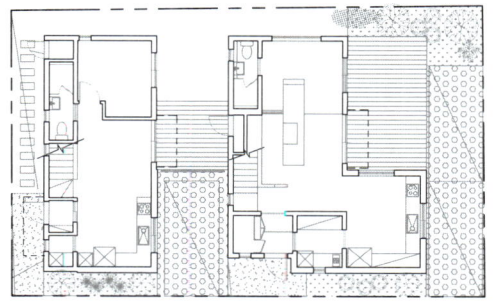

1F

여인재(餘因齋)

대지위치　경기도 성남시 분당구 운중동
대지면적　231.2m²
건물규모　지상 2층
구조　　　경골목구조
연면적　　207.22m²

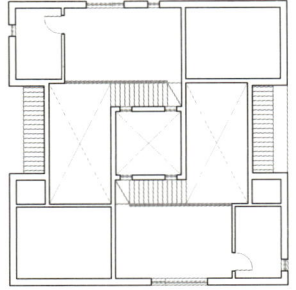

다락

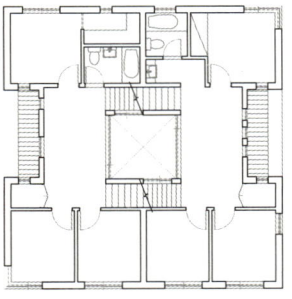

2F

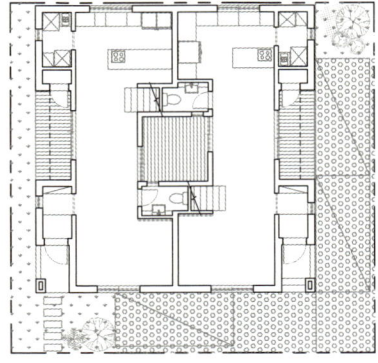

1F

여여현(餘與軒)

- 대지위치   경기도 용인시 수지구 고기동
- 대지면적   646m²
- 건물규모   지하 1층 / 지상 2층
- 구조   경골목구조
- 연면적   248.26m²

다락

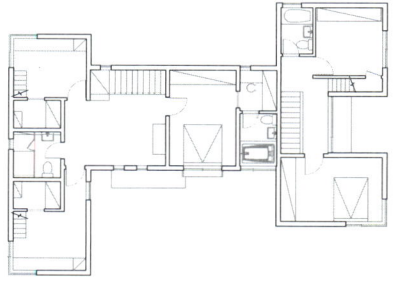

2F

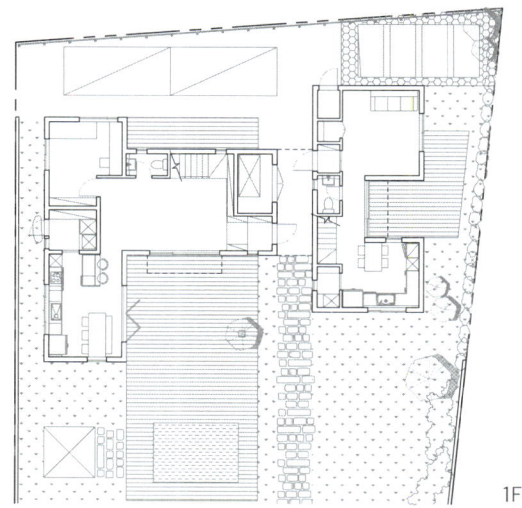

1F

여목헌(餘睦軒)

대지위치	인천 남동구 논현동
대지면적	300.3m²
건물규모	지상 2층
구조	경골목구조
연면적	198.73m²

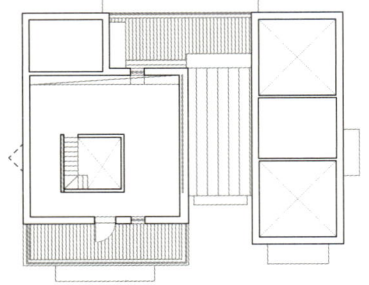

다락

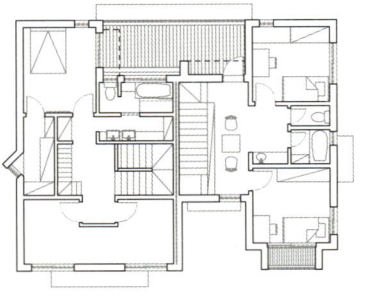

2F

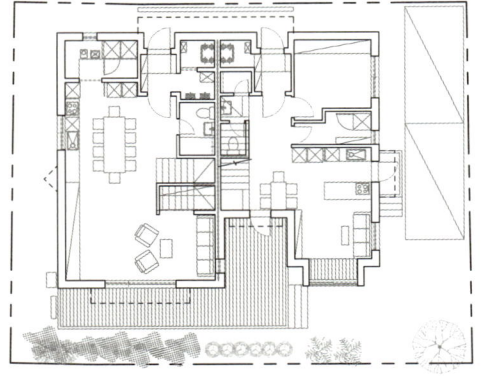

1F

두포리 3재, 전체

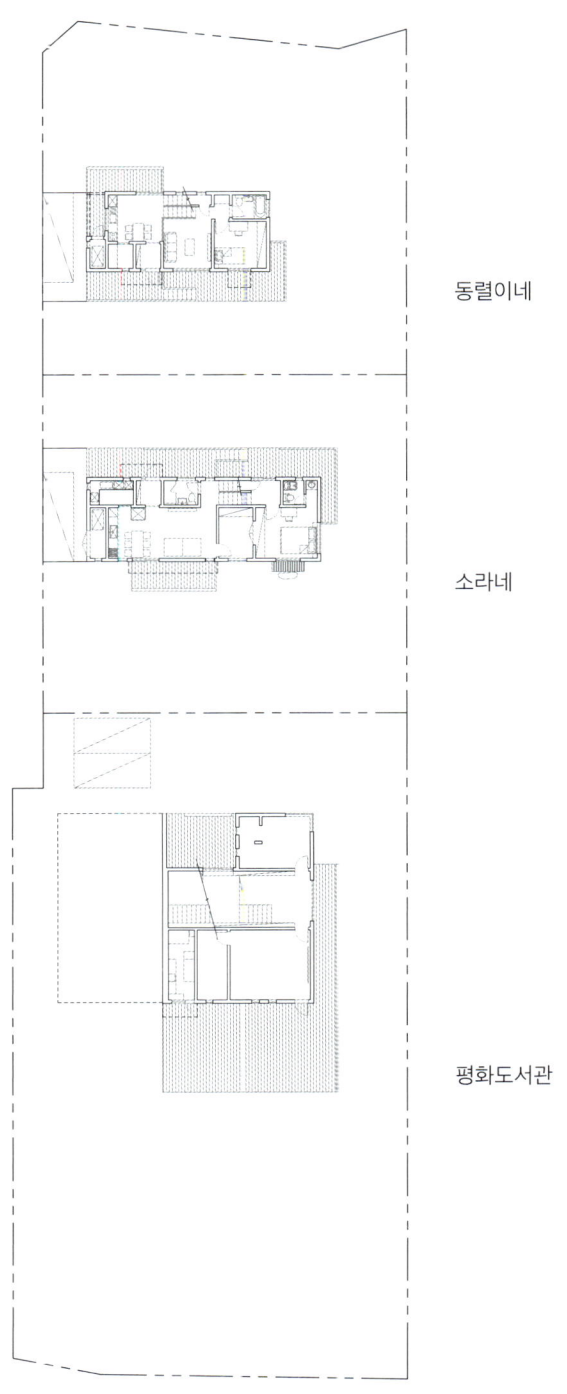

동렬이네

소라네

평화도서관

두포리 3재, 동렬이네

대지위치	경기도 파주시 파평면 두포리
대지면적	538m²
건물규모	지상 2층
구조	경골목구조
연면적	83.97m²

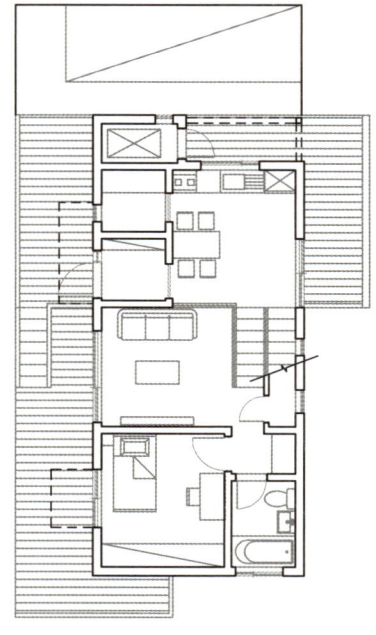

1F

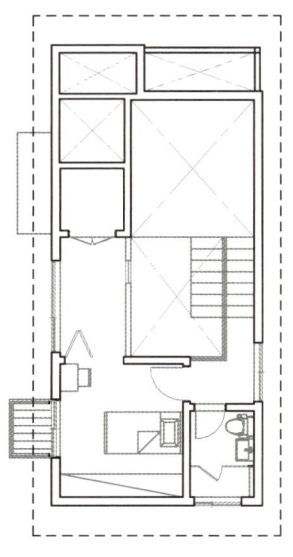

2F

두포리 3재, 소라네

대지위치   경기도 파주시 파평면 두포리
대지면적   538m²
건물규모   지상 2층
구조   경골목구조
연면적   114.75m²

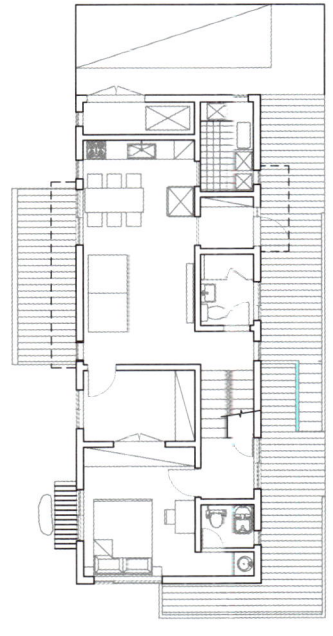

1F

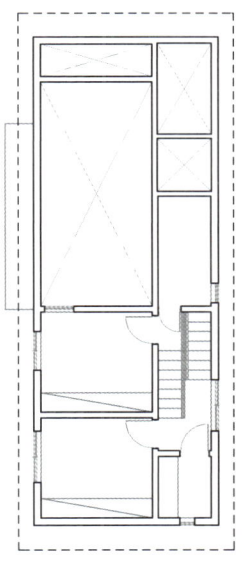

2F

두포리 3재, 평화도서관

대지위치   경기도 파주시 파평면 두포리
대지면적   1,117m²
건물규모   지상 2층
구조   경골목구조
연면적   194.31m²

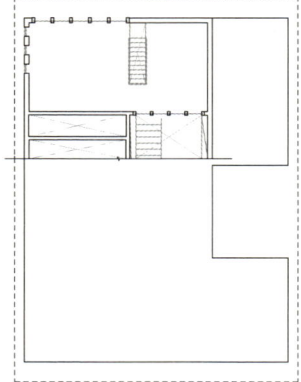

다락

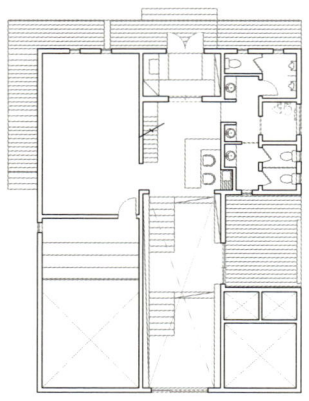

2F

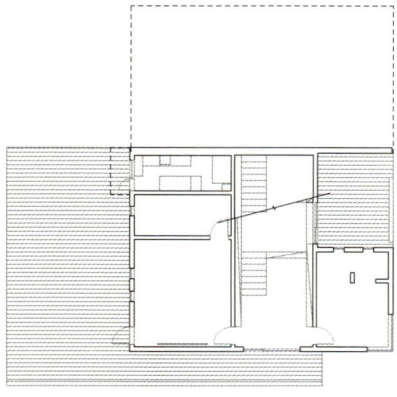

1F